U0391700

美容的真相

主　编　周展超

主　审（以姓氏笔画为序）

李　利　李珊山　章　伟　赖　维

编　者（以姓氏笔画为序）

王　娜　王进胜　尹　锐　石　钰　刘华绪

刘媛媛　齐显龙　邬宗周　李雪莉　杨　智

吴琰瑜　宋奉宜　陈晓栋　周成霞　钱　辉

徐晓云　高　琳　黄　威　曹　畅　梁　虹

彭双发

人民卫生出版社

图书在版编目（CIP）数据

美容的真相/周展超主编．—北京：人民卫生出版社，2017
ISBN 978–7–117–24113–7

Ⅰ.①美… Ⅱ.①周… Ⅲ.①美容－普及读物 Ⅳ.①TS974.1–49

中国版本图书馆 CIP 数据核字（2017）第 063380 号

美容的真相

主　　编：周展超
出版发行：人民卫生出版社（中继线 010-59780011）
地　　址：北京市朝阳区潘家园南里 19 号
邮　　编：100021
E - mail：pmph @ pmph.com
购书热线：010-59787592　010-59787584　010-65264830
印　　刷：北京顶佳世纪印刷有限公司
经　　销：新华书店
开　　本：889 × 1194　1/32　　**印张：**8
字　　数：154 千字
版　　次：2017 年 6 月第 1 版　2021 年10月第 1 版第 5 次印刷
标准书号：ISBN 978-7-117-24113-7/R · 24114
定　　价：39.80 元

人物档案

“我叫姚美丽，是个活泼可爱的萌妹子，每天和闺蜜们聊得最多的，就是各路搜罗来的变美秘籍。虽然我也吃过亏、上过当，但这些并不妨碍我在变美的路上初心不改，横冲直撞。”

我叫姚美丽，我要变美丽！

“我是医生叔，一位精于护肤美容的“技术流”大叔，不管在工作中，还是在生活中，总是能遇到和美丽一样的女孩子，一门心思要变美，什么都肯听，什么都敢信，把自己的脸当成“试验田”，出了问题就追悔莫及。”

我是医生叔，美丽之路的守护者！

写在前面的话

每当皮肤出现些许问题，身边的人，妈妈、邻居阿姨、同事、闺蜜，甚至是护肤品专柜的导购，都会真诚地给你提供各种改善建议，面对如此“热情”的他们，你有没有想过，这些护肤经验，你究竟可以借鉴多少？

每当看到某些大牌护肤品的宣传广告，你的心里是不是长草到不行，听着那些炫酷的科技感十足的名词，看着那些犹如魔法般的诱人画面，再看看手边这些已经“落入凡尘”的护肤品，任谁能忍得住买买买的冲动？

长此以往的买买买，钱包空了，家里堆满了各种用过或者根本没用过的瓶瓶罐罐，你会不会又不禁思考：

护肤是应该如清粥小菜一般，化繁为简，抛弃繁琐的护理程序，简单涂抹点护肤霜保湿就好？

还是应该如饕餮盛宴一般，追求极致，彻底清除毛孔内的污垢，去除没有功能但影响美观的角质，用化妆水收缩毛孔，用精华补水、抗老，用面霜美白保湿，间或再用面膜“查缺补漏”？

如果你愿意简单清爽还好，如果你选择的是极致奢华，那么很可能，脸爽了，钱包却哭了。这时候，如果有人告诉你，有些美容的小“偏方”不仅效果好，而且花费少，你是不是也忍不住要试上一试？买来、用过，可是很多时候不仅没有出现在其他人身上的效果，甚至还会让皮肤过敏、敏感？甲之蜜糖，乙之砒霜，这是为什么啊？

如果你想变美丽，如果你也在变美的路上遇到了这些问题，那就跟着我和美丽的脚步，一起开始这段阅读之旅吧，我保证，你收获的远远不止于此。

目录

洁面篇

护肤篇

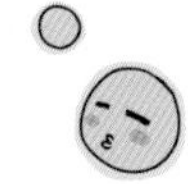

改善篇

医美篇

皮肤科医生小讲堂

洁面篇

爱脸，从洗脸开始

美丽说

每次去买洗面奶，我妈总会说：“唉，花那么多钱买那玩意儿，真是太不值得了！我们以前都是用香皂洗脸的，洗得又干净，价钱又实惠！像你这种油性皮肤，洗面奶怎么可能洗得干净啊？香皂去油脂最好啦！洗面奶那么贵，其实和香皂没什么区别的，哪来那么多讲究啊！”像妈妈年轻时一样洗脸，到底对不对？

专家点评

首先，我要旗帜鲜明地说，洗面奶当然比香皂更适合用于面部皮肤的清洁。

由于在人体皮肤表面存留着尿素、尿酸、盐分、乳酸、氨基酸、游离脂肪酸等酸性物质，所以皮肤表面常呈弱酸性。也就是说，弱酸性状态，是皮肤吸收营养的最佳状态，此时皮肤抵御外界侵蚀的能力以及弹性、光泽度、含水量等都是最好的。

一般香皂的 pH 都大于 7，显而易见，用香皂清洁面部是不恰当的。香皂非但不适合洗脸，而且长期使用还会造成对皮肤屏障功能的破坏，进而引发各种皮肤疾患。

那么，妈妈们年轻时用香皂洗脸，为何没碰到什么大问题呢？首先那个时代的香皂和现在的香皂比起来，去污力、脱脂力会差很多，对皮肤的伤害也就小很多。另外，那个时候香皂可能还是比较“金贵”的，所以用的次数也不多，因此即便对皮肤有影响，但在皮肤强大的再生修复功能下，这种损伤最终被抵消掉了。

但是，如果一个人早晚都用香皂洗脸（尤其是现在这种去污力很

强的香皂），久而久之不仅皮肤会变得很粗糙，而且会让皮肤变得敏感。

洗面奶的品牌众多，那么是不是“拉到篮里都是菜”呢？当然不是这个概念。好的洗面奶，关键在于洗完后，既要觉得皮肤是洁净的，又不会有紧绷、干燥、刺痛、刺痒、红肿的感觉。有人形容这种舒服的感觉就像是能感觉到皮肤在健康地呼吸一样。可见洗面奶的选择，一定要以适合自己为准则，一味追求品牌或者价格都是不正确的。但是洁面皂是另外一回事，它与香皂不同，是一种专门为洁面设计的产品，可以放心地用于面部清洁。

最后，提醒一下大家，任何洗面奶，即使是药妆品牌，也有可能引起过敏。万一发生了过敏，也不要特别紧张，只要暂停使用，及时去医院诊治，很快就会痊愈的，此时千万不要相信网络上各种改善皮肤的“秘方”，否则很容易把问题变严重。

观点

妈妈们年轻时选择香皂洗脸其实有着时代的局限性，既然现在可供选择的产品越来越多，那么我们为什么不选择对皮肤更好、伤害更小的洁面产品呢？

磨砂去死皮，真的好吗

美丽说

相信很多年轻女性和我一样，执着于让自己的皮肤变得光滑白皙。听说皮肤之所以会变得粗糙暗黄，就是因为死皮未去。死皮，一方面会让脸色暗淡，另一方面，还会影响护肤品的吸收，所以死皮一定要及时去除，包括日常使用带磨砂功能的洗面奶。

专家点评

所谓的“死皮”其实就是角质。角质层是皮肤表面很重要的结构，对皮肤的结构和功能起到非常重要的作用，是正常皮肤乃至身体的保护神，起到第一道防御屏障的作用。

对于过厚的角质，确实会导致局部皮肤暗黄，常见“T”区或者口周的肤色暗黄，这个时候可以适当地去死皮，把多出来的部分去掉，改善局部肤色即可。能够采用的方法，除了使用磨砂洗面奶，还可以用果酸或者其他具有微剥脱作用的治疗措施。但是千万注意，不要过度。过分去角质，对皮肤屏障功能的伤害巨大，实在不推荐。

就磨砂产品而言，如果能保证不过分使用，而且仅仅局限于角质层比较厚的面色暗黄部位，可以适当使用。但是，很多人洗脸的时候不会局部使用，而是将磨砂产品的使用范围直接扩展到全面部。对于“死皮”略厚的地方可能合适，但是对于面颊等“死皮”较少的部位，磨砂则会过分剥脱角质，容易出现皮肤敏感的表现。

观点

就磨砂产品而言（如磨砂洗面奶），如果能保证不过分使用，而且仅仅局限于角质层比较厚的面色暗黄的部位，可以适当使用。但是不建议过分去除死皮，以免影响皮肤的防御功能。

深度洁肤——有些“真”不能较

美丽说

皮肤出油、毛孔粗大、长痘……所有这些皮肤问题，归根究底都是因为一件事——没有深度清洁皮肤！爱脸，就要好好洗脸、彻底洗脸！

专家点评

看过这样的广告吗？某种声称具有深度清洁效果的产品，能将毛囊中的所有污物清洁出来，于是皮肤变好了，毛孔变小了，也不长痘了，再配合上绚丽的动画效果，那效果足以让所有长痘以及毛孔粗大的人心潮澎湃。

但是我不认同这种宣传，尽管毛囊是一个管道状结构，但是其内部形成了自己的微生态环境。如果真如广告宣传的那样，有一种产品能将毛囊内部像清洁“试管”一样清洁得干干净净，我们毛囊的微生态环境一定会失去原有的“平衡”，导致大量问题的产生。况且，目前任何一种产品都无法清洁到毛根部位，再说也完全没有必要达到如此深的清洁程度。所谓深度洁面，更多的是强调对皮肤表面污垢的去污能力。

毛孔的大小不仅与遗传相关，还与皮脂腺功能相关，功能活跃的皮脂腺当然就有相对粗大的毛孔。它的大小与是否有效清洁面部皮肤关系不太大。相反，过度清洁则会让皮肤内“皮脂库”中的脂质过度消耗（脱脂作用），迫使皮脂腺“加班加点”去生产更多的皮脂，如果长期进行这样所谓的“彻底清洁”，皮脂腺功能就会越来越强大，而皮肤表面的油脂又被洗脱掉了，就会导致如下问题：毛孔粗大，而且皮肤外干内湿，皮肤敏感。因此，很多粗大的毛孔即便不是过度清洁的结果，但是也会与过度清洁有关。如此说来，“毛孔粗大”有时反倒是“深度清洁”惹的祸。

为什么这么说呢？其实面部的“油”基本都源于皮脂腺的分泌，它就像是润肤霜一样，润泽着我们的皮肤。我们的皮脂腺就像水井一样，“清洗”的行为犹如在井水中取水，无论怎么清洗，皮脂腺这口“水井”永远都不会“枯竭”。

用强力的脱脂物质，比如酒精或者丙酮等擦拭前额皮肤（比市面上所有清洁产品的去脂能力都强），擦拭后会发生什么呢？30 分钟后，皮肤表面的皮脂完全恢复到擦拭前的水平。如果反复擦拭，不断去掉皮肤上的油脂会发生什么情况？反复擦拭后，皮脂腺会加大“马力”来生产皮脂，30 分钟后皮脂腺“急急忙忙”生产出来的皮脂很快又补充到皮肤上来，所不同的是，此时的皮脂已经没有原先那么黏稠，而更像清水一样。可想而知，如果您“听信”

清洁类产品的广告，去购买一些强力的“洁面”产品，不断清洗您的皮肤，希望如此来“控油”，这种过度的清洁会导致皮脂腺“加班加点”生产皮脂，皮脂腺腺体会“受到锻炼”而功能增强、肥大，结果导致毛孔越来越大，皮肤越来越粗。

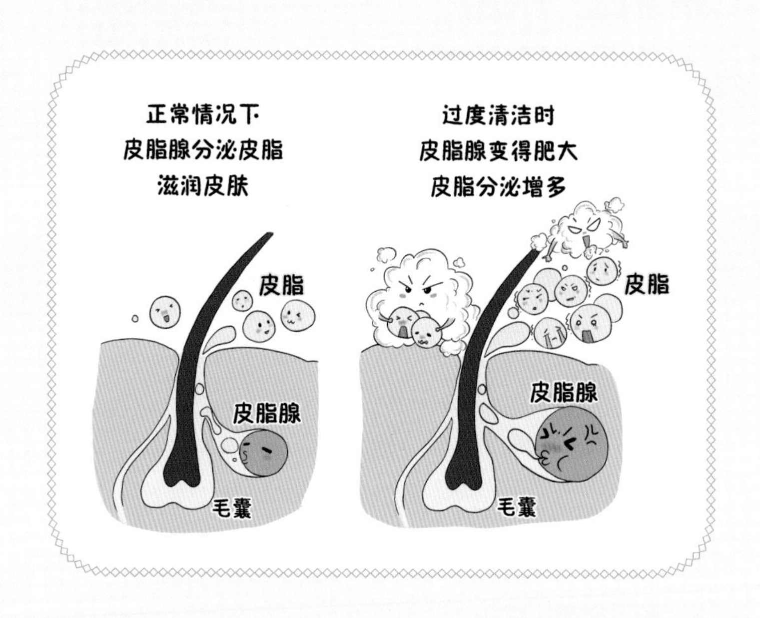

问题是这样做根本无法达到“控油”的目的，相反，由于强力的清洁导致角质层脱脂而受损。此时您会说，“我的皮肤非常奇怪，外干内湿。”外干：由于角质层的脱脂导致保湿功能的削弱；内湿：皮脂腺强大的分泌功能持续分泌“水样”皮脂。

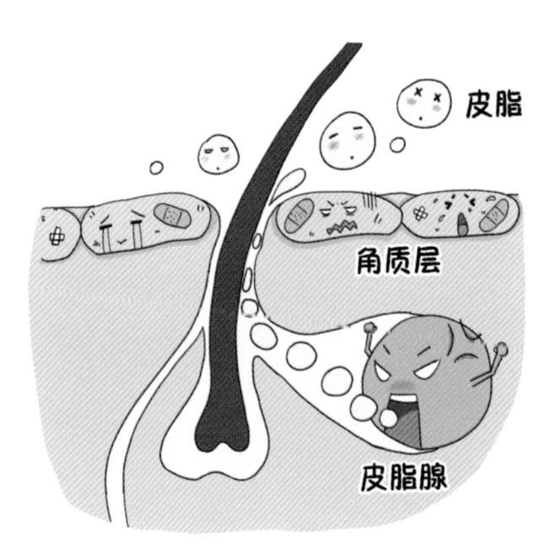

此时，如果您仍然继续进行所谓的“深层清洁”，角质层就会进一步受损，影响其生理功能，屏障功能（保护功能）开始出现问题。一旦这个问题发生，您会发现皮肤开始敏感，容易发炎，甚至皮肤功能发生紊乱：皮肤既干又湿，不断发炎；如果是色素性皮肤，

此时还会产生大量色斑，严重影响面部美观。

观点

目前没有任何一种产品能够清洁到毛囊，也完全没有必要达到如此深的清洁程度。对于普通人而言，深度洁肤并不科学，也完全没有必要。所以，有句广告语说得好：不要听广告，而是要看……

过犹不及——五花八门的洗脸水

美丽说

老妈说："脸上起了痘痘，就在清水里加点盐洗脸，控油杀菌。"

同事说："天天对着电脑辐射容易长斑，用点茶水洗脸就能解决。”

闺蜜说：“天啊，美丽，你怎么晒那么黑，快加点白醋洗脸，能美白。”

美丽说：“晒后皮肤又干又痒，我还是先加点蜂蜜洗脸，保湿比较靠谱。”

专家点评

因为食品能通过腌制的办法长期保存，因此很多人以为盐水能消毒，或者认为可以将食用盐当做磨砂膏来使用，清洁皮肤、去死皮。然而，实际情况却不是这样的。首先，生理盐水（也就是生理浓度的盐水）是没有任何杀菌作用的，恰恰相反，生理盐水也是细菌喜好的生长环境。事实上，可以杀菌的并不是盐本身，而是盐水产生的渗透压（需要提醒注意的是，不同的细菌，耐受渗透压的能力也是不一样的）。可以肯定的说，要达到抑制细菌的作用，必须是高浓度的盐溶

液，但是问题又来了，高浓度的盐溶液（高渗透压）虽然可能具有一定的去污和抑菌作用，可长期用盐洗脸又会损害皮肤屏障，带来紧绷、干燥感，甚至引发更严重的皮肤炎症。另外，磨砂去死皮本身很容易伤害皮肤，越来越多的皮肤科专家对过度去角质持反对意见。

蜂蜜中含有糖（具有一定的黏度和使用感）、氨基酸和蛋白成分（有一点保湿作用），蜂蜜本身并没有什么清洁功能，无法带走皮肤的油污，其成分也无法透过角质层被吸收，可用说毫无用处。当然，蜂蜜中的一些蛋白质和氨基酸可能会带来一点保湿作用，因此会模拟一些温和洁面产品的效果，但是并不建议这么做，因为有些人对于蜂

用蜂蜜洗脸，
仅有一点保湿作用，
但可能发生过敏反应

蜜中所含的成分很可能发生过敏反应，而一旦过敏反应发生，护理起来就更加有难度。

醋的主要成分是乙酸，可通过促进脱角质而使皮肤增白，美白功效极其微弱，但是使用不当或稍有不慎反而有伤肤的风险。如果洗脸水偏碱，也许在里面添加一点儿醋会有一些好处（因为碱性水会让皮肤干燥），但是如果把握不好浓度（我们总不能每次都去测洗脸水的酸碱度吧），不但无法起到护肤的作用，甚至还会适得其反。我们都知道，健康皮肤的皮脂膜呈弱酸性，遇较强的酸性或碱性物，皮肤屏障可能遭到损坏，导致皮肤敏感、过敏、感染等，对于那些本来就敏感的皮肤来说，这种洗涤方式风险更大。

茶叶含茶多酚、茶多糖、黄酮苷、生物碱类等，的确在理论上具有抗氧化和一定的抗辐射作用，但是这些功效很多都是在实验室里求证出来的。目前部分洁面产品中也添加了这类成分，供涂抹使用（实际上这样做的功效也非常微弱），但是茶叶水洗脸基本无此功效，因为清洁的目的就是去除一些污物，即便茶叶水中有抗氧化成分，短暂的接触也是不可能吸收的。

所以，以上做法都明显夸大了洗脸的作用。洗脸的最终目的是清洁皮肤，将可能对皮肤带来污染以及侵害的物质清除掉，仅此而已。停留在脸上的清洁品，一般不超过1分钟，在如此短的时间内追求更多的护肤功能，几乎是不可能的。也就是说，洗脸就是“洗”脸而已。

观点

脸要洗干净，但也别洗得“太干净”。过度清洁会导致表皮屏障受损，皮肤反而容易干燥、脱皮，甚至过敏。平时用正规的洁面产品洗脸即可，一天用洗面奶不要超过2次，其他时间用清水洗即可，同时要避免洗面奶在脸上残留。

怎样洗脸才不毁脸

美丽说

想不到，关于洗脸，不管是我之前深信不疑的，还是长辈、闺蜜推荐的，很多方法都是错误的。天啊！我竟然不会洗脸了！

专家点评

随着科技的不断发展和生活质量的提高，洗涤用品也开始分门别类了。例如肥皂是用来清洁衣物的，而洁面霜是用来清洁面部皮肤，如此区分是针对所清洁物体的特征而专门设计的。

对于皮肤来说，使用肥皂刺激性太强，而且脱脂力也太强，长时间使用肥皂清洁会导致皮肤干燥、敏感等问题。洁面产品是专门设计用于面部皮肤清洁的：去污力强，但脱脂力并没有肥皂那么强，更重要的是没有太强的刺激性，因此对皮肤的伤害会很轻。

对于大多数人来说，皮肤其实没有我们想象得那么坚韧。毫无疑问，现代用于衣物清洁的产品，比如肥皂，对于皮肤来说还是太过刺激，洁面效果虽然很好，但是损伤皮肤的能力也很强，所以不建议使用。但是洁面皂是另外一回事，它与肥皂不同，是一种洁面产品，可以用于面部清洁。

一般的洁面产品我们可以理解为化学洁面方法，还有一种洁面方法是物理性的，比如磨砂、洁面刷等。使用的时候要注意，过度使用会伤及皮肤，影响皮肤的生理功能。

如何清洁皮肤才靠谱，以下一些建议可以供您参考：

1. 如果没有上妆，或者没有使用那些一定要卸妆才能洗得干净的产品，建议清水洁面足矣。如果出差在外没有洗涤条件，也可用保湿面膜，15 分钟左右去掉面膜就行，因为面膜具有一定的洁面功效。

如果没有使用需要卸妆才能洗净的产品

建议清水洗脸

如果外出没有洗脸条件

可以使用保湿面膜清洁

2. 如果使用了一些难以清洁的化妆品，则可选择适当的洁面产品，如卸妆水 / 乳，或者洁面乳等，然后用清水彻底清洗干净。

3. 要根据肤质类型选择合适的产品，理想的产品是：不刺激、温和、具有较好的洁面效果，且不会导致皮肤太强烈的紧绷感和干燥，所含的功效成分一定要针对您的皮肤特点。

4. 需要彻底洁面时的推荐：洁面乳、洁面膏、洁面油等一般都是化学性的洁面方法，基本上是通过洁面产品中的乳化剂将污物从皮肤中“溶解”出来，达到洁面的目的。如果您觉得这样洁面还不“过瘾”，担心洗不干净，我依旧不建议您去购买磨砂，或者那种声称具有深度洁面的产品，因为那种产品很容让皮肤过度脱除皮脂。此时可选择洁面仪，但是也要注意不能过度使用，如果皮肤不是很脏，一般没有必要使用，或者没有必要频繁使用。

需要彻底洁面时
可使用
化学性洁面

洁面膏
洁面乳

物理性洁面
洁面仪
不要过度使用

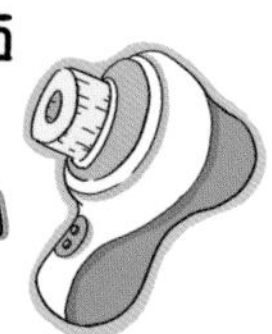

观点

敏感性肌肤建议选用温和、舒缓、低泡沫的产品。油性肌肤建议选用控油、泡沫并平衡油脂分泌的产品。干性肌肤建议选用温和、舒缓、低泡沫、带滋润成分的产品。

常规洁面产品可分为三类
分别针对

护肤篇

爽肤水应该怎么选，怎么用

美丽说

像我这种爱美的女生，对于保湿补水的重要性当然非常了解，所以从涂抹爽肤水开始，对护肤的各个步骤都非常重视。听说选购爽肤水的时候摇一摇，出现的泡沫越多，说明里面的营养成分越多。

专家点评

✦ 爽肤水究竟是什么

爽肤水是护肤品中一种很独特的制剂，没有确切的、科学的定义。大多数情况下，商业公司可根据自己宣传的需要，给出某种特别的名称，但本质上，爽肤水相当于皮肤科制剂中的水溶液或者擦剂。

这类液体制剂依据功能来分，可能是有助于卸妆的清洁类产品；也可能是含有较多挥发性成分，使用后对皮肤具有一定降温作用的液体；也可能是一种简单的保湿成分，在涂抹面霜前使用，增加保湿效果。这类产品，有时候也被称为化妆水等。

对于皮肤屏障功能正常的人来说，爽肤水这个产品并不具有太大的意义，因为皮肤屏障功能完整，则经表皮水分丢失率（医学上反映皮肤屏障功能的主要指标，您可以简单理解为皮肤锁水的功能）处于正常范围，也就是皮肤并不缺水，使用这一产品没太大必要。

对于皮肤屏障功能受损的人，经表皮水分丢失增加，这样会导致皮肤局部缺水，此时确实有使用爽肤水的价值。

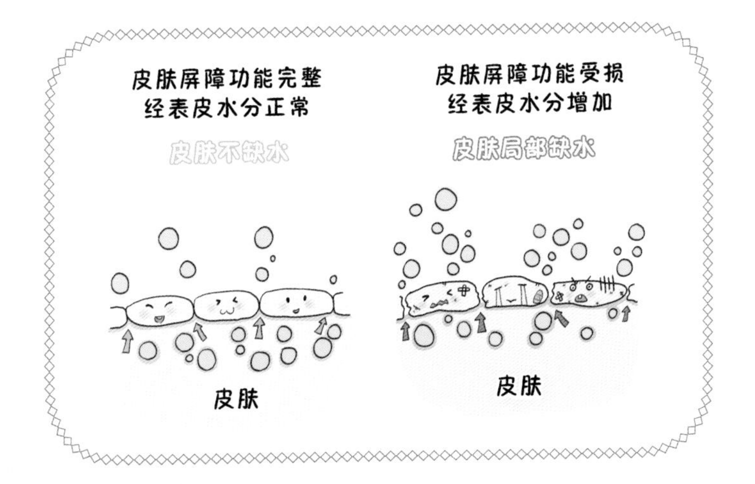

✦ 爽肤水，是否泡沫越多越好用

可以明确地讲，通过“摇一摇泡沫越多越好用”这个标准来判定爽肤水优劣实在是不可取。因为，出现气泡其实是爽肤水中所含有的表面活性剂的作用，表面活性剂的含量越高，气泡就可能越多，但是表面活性剂有可能导致皮脂膜的破坏。

所以，判定爽肤水优劣还是要看成分表，保湿的成分足够、所需要的其余舒缓或者镇静类成分都有即可。爽肤水使用后皮肤感觉比较舒适，没有出现任何不适很重要。

✦ 爽肤水应该怎么用

爽肤水的使用方法也是千奇百怪。有些人喜欢直接用手涂上去然后放任自流；有些人喜欢涂上或者用喷壶喷到脸上，再用双手反复拍打；有些人则觉得双手不太卫生，喜欢用化妆棉蘸爽肤水来擦，认为这样更干净，而保湿效果也更好。

在这里要说明的是，化妆棉对皮肤有一定的摩擦作用，对角质层的损伤也比较明显。所以，建议减少化妆棉的使用。爽肤水可以直接涂抹在皮肤上，然后让其逐渐吸收即可。用双手拍打并不能显著增加这些成分的吸收，所以不建议在这个上面耗费太多时间。

观点

“摇一摇泡沫越多越好用”的方法判定爽肤水的优劣并不准确，使用后感觉比较舒适，没有出现皮肤的任何不适更重要。爽肤水的使用因人而异，化妆棉则是多此一举。至于“双手拍打”嘛，皮肤并不一定爽得起来。

精华，是护肤的佳品，还是昂贵的负担

美丽说

精华无疑是让女生最心动的护肤品，简直是高效、尊贵的代名词，它由各种有效成分浓缩而成，有着化腐朽为神奇的功效，是抗保湿、老化的终极佳品，可是价格也的确不菲，让很多人“长草”又“拔草”。有两种不同的观点，一种观点认为精华纯属商业包装，毫无意义；一种观点认为，那是护肤佳品，不用不行。如果我是白富美也就罢了，看着自己有限的小钱包，我还真是想问问——精华，是护肤的佳品，还是昂贵的负担?

专家点评

✦“精华”究竟是什么

在皮肤科/化妆品制剂中其实并没有“精华”这种制剂，“精华”更多是商业包装的用语。“精华液”有的商家也叫做“精纯液”，基本上是在液体制剂中添加了部分功效性成分的产品。“精华液”这一名称会“暗示”消费者其含有高纯度、高浓度的活性护肤成分，当然也就是具有“高贵血统”。按其所添加的活性成分不同，通常分为保湿精华、美白精华、抗衰老精华等，当然也有品牌推出全能精华液，即功效可以涵盖所有女性希望改善的皮肤问题。

✦ 保湿精华

保湿精华是使用最广泛的一种精华。当皮肤清洁后，大多数商家会推荐使用补水产品——保湿水或者爽肤水。其中，部分保湿效果比较强的产品被商家包装成保湿精华。

保湿精华中的保湿成分有以透明质酸、泛醇、尿素/尿囊素、神经酰胺为代表的天然保湿因子，和以甘油、丁二醇、丙二醇为代表的经典的保湿剂成分，以及胶原蛋白、米糠蛋白、小麦蛋白、燕麦蛋白为代表的高分子蛋白类吸水成分。

目前，清爽宜人的植物油锁水成分正逐渐取代虽然保湿度高，但透气性差、质感油腻的矿物油，而且不同的植物油含有相应的不饱和脂肪酸和维生素，能起到修复皮肤角质层及抗氧化的作用。

同样具有神奇修复作用的还有神经酰胺、泛醇等天然保湿因子，它们不但渗透性强，保湿效果卓越，还能修复皮肤屏障。当然，聪明的品牌会在保湿精华中添加其他营养成分以提升使用效果。比如有些保湿精华，除含有多元醇、甘油、透明质酸、神经酰胺、亚油酸等保湿修复成分之外，还巧妙地添加了维生素 E、绿茶、棕榈酰五肽 -3、维生素 C 等抗氧化美白成分，使其兼顾保湿、美白、抗氧化功效。

✦ 美白精华

当一种制剂中添加了一些具有抑制色素、改善肤色的功效成分的时候，这种制剂自然就被称为“美白精华”，所添加的成分主要是以辅酶 Q10、维生素 E 生育酚、α 硫辛酸、植物多酚、黄酮、胡萝卜素、虾青素、阿魏酸、谷胱甘肽、肌肽为代表的抗氧化成分；以维生素 C 及其衍生物、对苯二酚、熊果苷、凝血酸、壬二酸等为代表的抑制黑色素合成发热成分；还有植物萃取物，例如甘草提取物甘草黄酮、芦荟中的芦荟苦素、柠檬中的维生素 C 为代表的植物美白成分以及维 A 酸类、维生素 B_3、不饱和脂肪酸为代表的干扰黑色素转运过程的成分。

✦ 抗衰老精华

抗衰老精华中大多添加了一些具有抗氧化和抗老化的功效成分，并且制作成使用感舒适的液体，给人感觉就是一种大自然中萃取出来的精华，非常具有市场和商业价值。

添加的抗衰老成分主要是维 A 酸及其衍生物、胜肽、生长因子、果酸等。维 A 酸是最先被医疗界证实的具有抗衰老效果的成分，它有调节细胞生长、分化，促进胶原蛋白、弹力蛋白及其细胞间质合成的作用。以五肽、六肽为代表的胜肽其实就是数个氨基酸缩合成的链状结构，其中五肽可以启动胶原蛋白和弹性纤维再生，使皱纹明显减少、肌肤变得紧致；而六肽的抗皱效果类似肉毒素。各种生长因子已在多款高端抗皱老产品中使用，其良好的修复及刺激细胞再生的作用使其在抗衰老方面表现突出。取自水果的有机酸——果酸，已被证明可以促进弹性纤维、胶原蛋白的再生。

不同品牌的抗衰老精华主打成分不同。例如有些主要成分是 CE 阿魏酸、血清 10、白藜芦醇等；有些主要成分是视黄醛（维 A 酸前体）与透明质酸；有些主要成分是大量胜肽。还有一些品牌则选用复合成分配方，包含硅酮（保湿）、棕榈酰三肽 -5（抗衰老）、神经酰胺（修复）、植物萃取物（抗氧化）等多重功能成分。

✦ 是佳品，还是负担

现在的精华不再拘泥于液体这一种形态，可以是液体，也可是乳液，可以是完全不含油脂的透明液，也可以是乳液或霜状质地。剂型的不同有时是为保持所添加营养成分的稳定性，有时是商家单纯为提高肌肤触感而改良的配方。

所以“精华”就是一些添加了功效成分的制剂，这一点与一般的霜膏不同，其功效成分可能具有针对性，比较适合某些问题性皮肤，而且浓度也较一般化妆品高，所以能调理部分问题皮肤。但是这些功效成分的疗效与真的药物还是有差别的。因此，不能将其当成治疗药物使用，而只能作为皮肤科的辅助治疗手段。

对于真正的医学护肤品品牌来说，它们所推出的精华液的确有效，合理使用能起到非常好的效果，可以说是美容佳品。日用化妆品的精华液大多数情况下是皮肤的保湿剂，与问题皮肤的调理没有关系。但是，的确现在有很多日用化妆品也打着医学护肤品的旗号在销售各类精华液。

对普通大众来说，在您购买医学护肤品时首先必须去皮肤科医师那里问问，皮肤究竟有什么问题，然后一定要搞清楚医学护肤品中究竟含有什么药物成分或者功效成分，是否对您有保健和辅助治疗作用，只有这样才有意义。

如果您既不知道您的皮肤类型和问题，产品也没有标明出所含医学功效成分是什么，那么我的建议是：直接购买日用化妆品，因为这样更安全，也更合理。

相反，如果商家或者某些销售人员将他们的医学护肤品推荐给任何人使用，无论这些人的皮肤问题是什么，也不考虑他们销售的产品中究竟含什么功效成分，是否对症，那么这种“医学护肤品”就只能是销售“噱头”，完全没有任何意义，也许他们就是打着医学护肤品的旗号在销售日用化妆品。

对于精华来说，在购买的时候您要询问其所含成分是什么？如果没有功效成分，大多数情况下可能只是日用化妆品的保湿水；如果有功效成分，需要咨询清楚使用方法，是否适合您的皮肤类型，这样才有意义。

小贴士

★ 质地清爽的“水”剂精华，一般在化妆水后使用，使用精华后应使用乳液及乳霜，特别是干性肌肤，必须配合高保湿产品，才能达到强保湿效果。

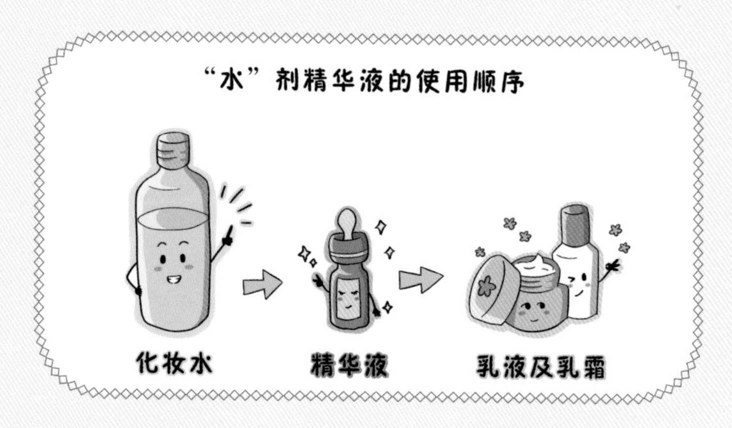

★ 精华一般为浓缩成分，用量不需过多，数滴或两三颗黄豆粒大小就可以，如果皮肤特别干或年龄较大可适当加量。

★ 使用含有维生素 C 类或果酸类的美白精华时应注意防晒。

★ 痘痘肌女性朋友在挑选精华的时候，应注意选择质地清爽的“水”剂精华，避免选择过于油腻厚重的剂型，以免加重痤疮。

观点

精华固然很好，但是对于不同年龄段、不同肤质的人群，应该选择不同的精华液。

眼霜和脂肪粒不得不说的秘密

美丽说

最近花了好多钱购买了品质不错的眼霜，本来是想让我的眼睛看起来明眸善睐，然而眼周却总是出现一些难看的白色“小疙瘩”，闺蜜说是由于我用的眼霜过于“滋润”而产生的脂肪粒，只有停用或者换用更清爽的眼霜才能逐渐消退。

专家点评

越来越多的女性开始使用眼霜来护理自己的双眸，但是新的问题也随之而来，即所谓的“脂肪粒”。但是“脂肪粒”可能并不一定是眼霜“富营养”闯的祸哦。眼霜表示，这个锅，我们可不背！

“脂肪粒”其实是皮肤科较常见的良性增生性疾病——粟丘疹。它是表皮或皮肤附属器的上皮增生所致的潴留性囊肿。粟丘疹的发生与遗传及外伤等有关，其中外伤可能是由于摩擦、搔抓、炎症后形成微小伤口（包括那些你也许没有察觉到的微小损伤），皮肤修复过程中过度增生而形成的小囊肿（正常的皮肤内排泄物不能及时排泄，而形成的一个小的囊肿样结构）。粟丘疹的治疗也很简单，到医院用针挑除即可。当然，脂肪粒还有可能是其他的皮肤病，如汗管瘤、粉刺等所致，需要到皮肤科明确诊断，才能得到最有效的治疗。

观点

大多数情况下，“脂肪粒”的形成与使用眼霜没有关系，应该根据皮肤类型选择适合自己的眼霜。

能用面霜替代眼霜吗

美丽说

在所有日常使用的护肤品中，眼霜的价格都是比较昂贵的，想着小小的一支眼霜就这么贵，聪明如我不禁会想，难道就不能用一般的面霜替代眼霜吗?

专家点评

俗话说的好，“眼睛是心灵的窗户”，人们在与亲人、朋友、恋人或者陌生人的交往中都会聚焦在对方的眼睛上，明亮清澈的眼神给人以真诚、善良的信息，是人际交往的桥梁。正是由于眼睛有着如此重要的地位，眼妆的刻画及眼周皮肤的保养博得了爱美人士的广泛关注。

随着环境的污染，我们常常笼罩在雾霾下，或在紧闭的空调房工作，过多的压力、经常熬夜、失眠，以及长时间注视手机、电脑屏幕，使眼袋、黑眼圈、皱纹早早地出现了。为了减缓眼周皮肤的老化进程，眼霜也就应运而生。

到底能不能用面霜替代眼霜呢?要回答这个问题，我们首先要了解，眼部皮肤有别于面部其他部位的皮肤，它最薄且皮脂腺分布最少，而且比较容易发生刺激反应。因此，制备面霜和眼霜的原料是不同的，不仅表现在功效性的原料上（添加的一些功效成分，例如抗老化），对于基质原料的要求也是明显不同的（例如原材料更精细、安全性更高，最大程度降低可能的刺激性）。另外，眼霜的包装和防腐剂等添加剂也相对更加保守，以减少刺激性，增加安全性，这些都是面霜无法代替的。

但在实际生活中，大多数人习惯用面霜做全面部涂抹。不是不可以，因为大多数情况下，眼霜和面霜的配方原则是相同的，在保湿功效方面，眼霜与面霜的功效有交叉重叠，因此，可以说眼霜不是每个人必须使用的。

眼霜使用小提醒

★ 根据不同的皮肤类型可选择不同的眼霜剂型，如啫喱、精华液、膏霜等。

眼霜有多种剂型
可根据不同的皮肤类型，选择适合的产品

啫喱

精华液

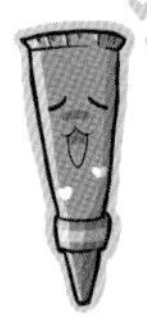

膏

霜

★ 在涂抹的时候应该沿眼部肌肉纹理轻柔按摩，以指尖围绕眼周轻轻弹按直至完全吸收。

★ 使用眼霜需适量，用绿豆大小的量即可涂搽双侧眼部皮肤，而不是只使用在眼角处，因为上下眼睑皮肤的老化，是形成眼袋、黑眼圈等的主要原因。

观点

眼霜是根据眼部皮肤特征而设计的安全性更高的产品，就保湿而言仅仅使用面霜也是可行的，但如果眼部皮肤相对脆弱，或者追求更高的抗老化功效，最好使用眼霜。

贵妇霜究竟“贵”在哪里

美丽说

女人的化妆品正如衣橱里的衣服一样，永远少一件最合适自己的。不知从何时起，各个商家推出了针对不同问题的“贵妇霜”，有祛痘的，有美白的，有除皱的，还有抗衰老的。“贵妇霜”能够集中为肌肤提供营养，有针对性地解决各种皮肤问题，受到了越来越多女性的追捧，然而价格也是的确不菲，这么一涂一抹，真的能恢复童颜美肌吗?

专家点评

首先必须了解，“贵妇霜”只是一个商业名称。随着生活的日益改善，我们的护肤品也逐渐在发生改变。20 世纪 60 年代之前，大家都没有护肤习惯，仅仅只是在冬天，那些家境不错且有些“小资”情调的人会买点护肤品用用。那时候的护肤品就是简单的医用凡士林制品——蛤蜊油。20 世纪 70 年代还是一个物质相对贫瘠的年代，部分时髦女士不再使用蛤蜊油，而是使用“雪花膏”—— 一种芳香、雪白颜色的保湿霜。20世纪80年代后，随着生活水平持续改善，外用“雪花膏”被一种叫做“珍珠霜”的产品替代。20世纪90年代，“珍珠霜”也不再是时髦女士的使用产品，取而代之的是“日霜”“晚霜”“营养霜”等，2000年后，这类产品的名称更多，有抗皱晚霜、紧致霜等。

事实上，这些产品的基本功能就是——保湿。除了蛤蜊油以外，基本都是一种称之为水包油的霜膏制剂，特点是细腻、与皮肤亲和力好（容易吸收）、使用感强（不油腻）。之所以称为“雪花膏”，是因为这种保湿乳膏外观如雪花，使用的时候就像雪花飘落在皮肤上很快“消失”，与皮肤融为一体（所谓吸收）！“雪花膏”是非常成功的商业命名，并且风靡很长时间，成为爱美女性的必备品。

但是随着商业宣传和市场的需要，必须要推出一种新的名称以此推动市场。于是“珍珠霜”等名称开始出现。换言之，“珍珠霜”就是改了名称的“雪花膏”，两者本质是一样的，但是市场反应却完全不同：使用“雪花膏”

的女性看上去比较落后，而使用“珍珠霜”的女性看上去更时尚，因此后者的销量当然更大。

但是，化妆品需要更多的故事来推动市场。于是在“珍珠霜”中添加一些功效成分，并以此来宣传获得市场的眼球就是大多数商家的选择，这就是“贵妇霜”。最初可能仅仅只是添加了一些维生素类成分，后来添加的成分越来越多，因此名称也就越来越多。

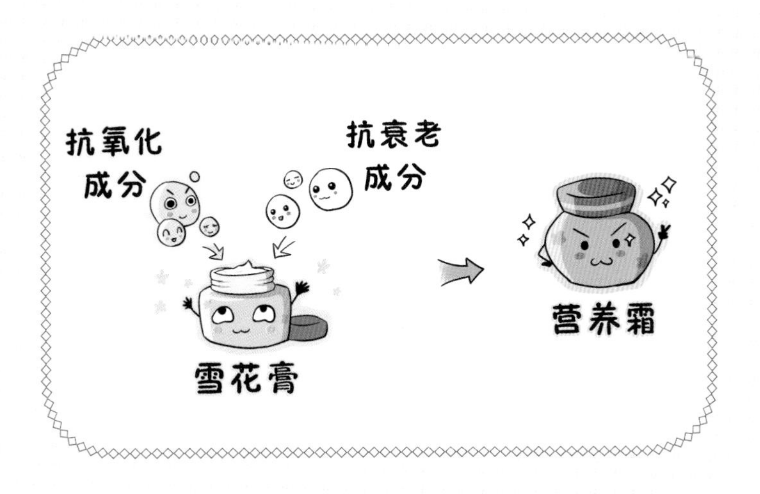

综上所述，所谓的“贵妇霜”本质上就是保湿霜，其中所添加的功效成分是否真的具有营养皮肤的作用，需要看所含的成分以及浓度。“贵妇霜”不太可能给皮肤带来多大的营养作用，但是一些抗氧化、抗老化的成分的确对预防皮肤衰老有一定意义。

观点

在铺天盖地的广告中，随处可见某某贵妇霜可以迅速提供营养、唤醒肌肤能量、启动胶原再生等。但我们必须清醒地认识到，贵妇霜虽然有一定作用，但是逆时光修复，恢复童颜美肌，绝对是夸大其词。

医学护肤品怎么用才有效

美丽说

越来越多的时尚女性，和我一样，开始接受“药妆”的概念，虽然和普通护肤品比起来有点贵，但“药妆”却被认为是最安全的。

可是身边的妈妈阿姨们，却经常会说：“这些药妆贵得很，我看没啥大意思，顶多是个商业噱头，骗骗你们这些小姑娘！你看，我的皮肤从来没有那么讲究，不是也蛮好的嘛！”

专家点评

现代人的生活面临各种考验和挑战，巨大的压力、繁忙的工作、快节奏的生活、熬夜、环境污染、饮食不节、某些美容机构的不恰当处理，化妆品市场的良莠不齐、次优难辨，皮肤出现状况后的不正规治疗，尤其是糖皮质激素类外用药物的不规范使用等各种问题，导致目前问题皮肤的人群（皮肤亚健康人群）越来越多，这些人的皮肤介于正常皮肤和皮肤病之间，一般的日用护肤品不能满足这类人群的使用。大家所说的“药妆”，实际上是指功效性化妆产品，也就是我们通常所说的医学护肤品。要说清楚医学护肤品是不是个商业噱头，我们就要从头说起……

✦ 什么是功效性护肤品

1938 年，国际上立法将外用于皮肤上的产品基本上划分为两类：外用药物和化妆品，但是这种过于机械的分类显然有一定的缺陷，因为部分化妆品中实际上添加了一些功效性成分而使得它具有药物的特性。为此，1961 年

Raymond Reed 提出了一种新的概念——功效性化妆产品，并且认为它们是以科学研究为基础的化妆品，以区别于其他普通日用化妆品。这一概念在 1970 年被皮肤科教授 Albert Kligman 推广并开始流行。在我国有一类“特殊疗效的化妆品”（即特妆品）非常类似这类产品。目前这些混乱的名称逐渐统一到一个更为科学、客观的词汇上——功效性护肤品。

换言之，功效性护肤品是添加了一定功效成分（可能是药物，也可能是非药物的其他功效成分）的护肤品，并且这些功效是建立在一定的科研基础之上的，医学护肤品实际上是功效性护肤品的“俗称”。

那么功效性护肤品究竟是个什么东西？迄今为止并没有一个大家公认的关于功效性护肤品的定义，只有一个比较清晰的概念，如果一定要给出一个定义的话，应该是这样的：一种介于药物和日用化妆品之间，兼具化妆品（制剂和使用方法）和药物（功效性）特征的产品，产品中由于添加了一些功效成分（可以是药典中收录的药物，也可以是非药典收录的其他成分），因此获得了一定的功效性并以此来满足不同问题皮肤的使用，或者对各类添加剂（香料和防腐剂）的添加控制比较严格，从而降低了产品的刺激性，用以满足敏感性皮肤的使用和修复。功效性护肤品的功效性应当是基于科学研究的，以区别于日妆品，另一个区别就是功效性护肤品的主要适用人群是问题皮肤。

✦ 功效性护肤品能当日妆品使用吗

功效性护肤品其实包括了很多系列，分别针对不同的肤质和皮肤问题，是配合问题肌肤在治疗用药物的同时，更快、更好地恢复健康所诞生的一类具有辅助治疗作用的特殊性质化妆品。大致包括敏感性、油性、干性、混合性肤质使用的日常清洁护理、保湿防晒和损伤后修复皮肤屏障的系列产品。

前不久，一种含有杜鹃醇的功效性护肤品，就是因为滥用导致很多人发生皮肤色素脱失，被迫从日本撤柜。这一事实告诉大家，真正的功效性护肤品不是日妆品，不能滥用，应该在医师的指导下并在皮肤监测下合理科学地使用，只有这样才能发挥功效性护肤品的最大特长并保障使用者的安全性。

功效性护肤品，也就是医学护肤品，这里的重点是“医学”。所谓“医学”，一定是先有“诊断”。先弄清楚问题所在，然后再选择适合的功效性护肤品进行长时间的应用，这样才有可能对皮肤问题具有一定的纠正和辅助治疗作用。也就是说，这里一定是“对症处理”的使用，一定要遵循个性化使用的原则。因此，功效性护肤品的使用一定是这么一个过程：建立在问题皮肤诊断分类基础之上，在美容皮肤科医师的指导之下，“对症下药”般使用功效性护肤品，这才是功效性护肤品的全部内涵。

现在我们总结一下：功效性护肤品与日用化妆品的区别在于，前者是针对问题性皮肤设计的具有一定功效的产品，而后者只是为皮肤提供基本保湿需求的护肤品。讲到这里，让我们再回到本问题上来就比较容易理解了。

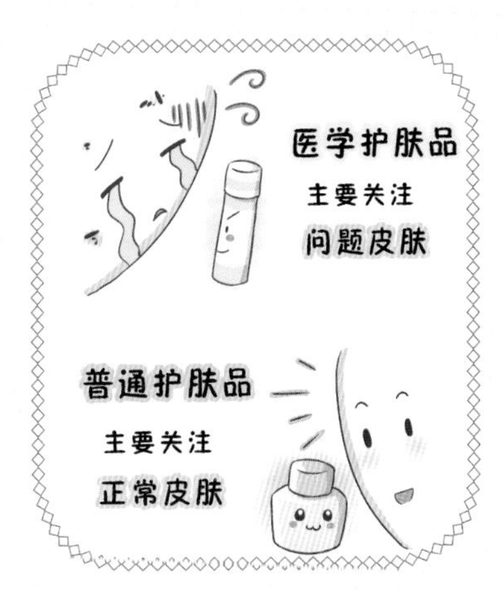

✦ 功效性护肤品是否意味着低敏、低刺激

关于功效性护肤品，目前存在很多误区，有些甚至源于皮肤科专家或者网络达人，比如“美丽”的那些想法，就如同“盲人摸象”，它们更多的只是强调产品的某个属性，并以此来代替医学护肤品的全部内涵。

针对敏感性皮肤设计的医学护肤品的确是低刺激，或者添加的防腐剂和香料会比普通护肤品低得多，但这不代表所有的医学护肤品都是低敏、低刺激的。部分具有抗老

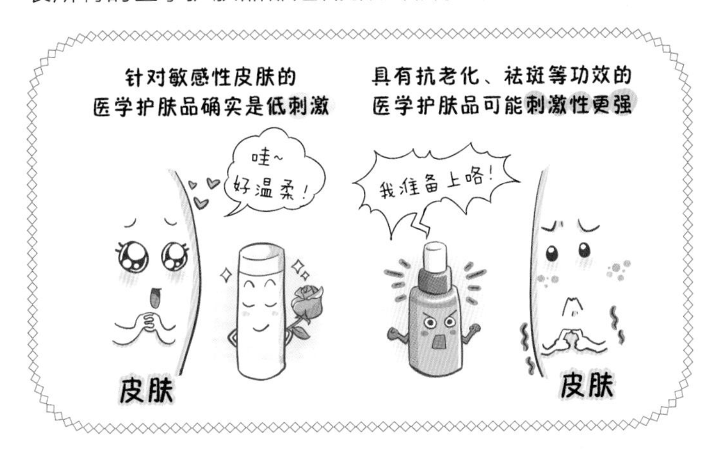

化、淡斑功效的医学护肤品，由于添加了一些功效成分，刺激性可能会比普通护肤品更强。

功效性护肤品主要是针对问题皮肤，的确也有一些功效性护肤品能作为皮肤病的辅助治疗手段，但也只是部分产品是这样的。

✦ 如何购买、使用功效性护肤品

功效性护肤品很大一部分仅在医院或大药房有售，小部分在超市可以买到（这类产品更类似日妆品）。真正具有功效的产品通常由皮肤科医生针对各种情况的患者，指定一种或组合多种品牌的产品，配合药物一起治疗皮肤问题。

不同患者、不同阶段，需要使用的医学护肤品可能不尽相同，需要在对不同医学护肤品都要充分了解的、临床经验非常丰富的专科医生指导下，才能发挥出应有的功效，可想而知，那种放在超市里销售的产品，很有可能是打着医学护肤品的旗号，但实际上却是日用化妆品。

正确使用“药妆”，应该先面诊美容皮肤科医生，在医生的指导下选择和使用对症的“药妆”，才能发挥其功效最后，开个小小的玩笑，那些阿姨妈妈们，一旦她们的皮肤出现问题后，在专业医生的指导下，也会“爱上”功效性护肤品。因为爱美之心，人皆有之。毕竟安全第一，换句话说，这钱还是值得花的。

观点

普通护肤品是设计给“正常皮肤”使用的，而功效性护肤品则是设计给“问题皮肤”使用的。那种放在超市里销售的所谓“药妆”，很可能是打着功效性护肤品的旗号，但实际上却是普通护肤品。

什么才是护肤的关键

美丽说

闺蜜总是告诉我，保湿是美容的基础，必须要足够重视。除了每天保证8杯水，还要用爽肤水、保湿精华、保湿霜，每天晚上最好再来一片保湿面膜加强保湿效果，保证皮肤水嫩嫩。

听了她的话，我倒是理解了保湿非常重要，可是每个人面对的问题还真不一样，比如闺蜜是典型的干性皮肤，是不是需要“油”一点的保湿产品；而我的皮肤本身就很油，每天都得控油，还需要保湿吗？

专家点评

有人将清洁、保湿、防晒比喻为皮肤护理的三部曲，可见保湿的重要性。

保湿可以说是护肤的基础，有的人甚至从护肤的第一步洁面就开始使用具有保湿功效的洗面奶，而面对市面上不管是“高大上”还是“接地气”的化妆品品牌，保湿系

列产品总是被反复“广而告之”。

保湿类化妆品通过保湿剂吸收外界水分，油性原料形成封闭膜锁住水分和滋润皮肤，再加入其他保湿原料，如透明质酸、胶原、神经酰胺等起到储存水分、加固锁水的作用。如果保湿做不好，皱纹、色斑、湿疹、瘙痒症、神经性皮炎等也就随之而来。

保湿既然如此重要，其产生的误区也就层出不穷。有一句话叫“好皮肤每天 8 杯水”，人们以为喝水就可以补充皮肤的水分，达到保湿的目的。其实不然，一般人每天在膳食中已经可以补充人体所需的大部分水，我们只需再额外摄入部分水分即可满足一日所需，具体该补多少，与季节、工作环境有关，不一定是 8 杯水。过度的水分摄入可能导致水中毒，引起一系列神经、精神症状。因此，饮用大量水分来保养皮肤的说法是没有科学依据的。

还有些人过分重视保湿，以致变成了过度保湿。过度保湿会让皮肤角质层肿胀起来，长时间这么做的话有可能伤害皮肤角质层，进而影响其功能，最终皮肤变得敏感而脆弱。

目前认为，皮肤表面的脂质膜对皮肤保湿有重要作用，

它主要来源于角质形成细胞和皮脂腺。皮脂膜能防止水分的丢失，从而影响角质层的含水量。

源于此，有人就想当然地认为当皮肤，尤其是干性皮肤需要保湿时，应该抹上厚厚的油脂以加固脂质膜，起到锁水保湿的作用。然而这种想法是错误的，干性皮肤的确需要封包性较强的保湿产品，但是过度补充油脂不仅不能起到保湿的作用，还会由于使用过于油腻的保湿产品而引发痤疮、皮炎等问题。

对于油性皮肤的保湿，呈现两种极端的观点，一种观点认为油性皮肤不需要保湿。其实不是。油性皮肤常常需要清洁，而清洁的时候可能会使皮肤脱脂而削弱皮肤屏障功能，因此在洁面后需要适当地补水。

另外一种观点认为，油性皮肤的人虽然看上去皮肤皮脂分泌旺盛，但是仍会觉得皮肤紧绷干燥，说明需要更加重视保湿。然而，如果针对油性皮肤使用过于油腻的保湿剂，则可能使得原有的痤疮、皮炎等症状加重。

所以，油性皮肤不需要特别的保湿霜，保湿爽肤水或者保湿乳这样清淡的保湿产品即可满足油性皮肤的保湿需要。如果油性皮肤使用封包性较强的保湿霜就会使皮肤“透不过气”来。当然，如果油性皮肤的人在北方较为干燥的季节还是需要适当使用保湿霜的，否则皮肤会比较粗糙。

就保湿而言，如果皮肤比较干的话，可采用面膜 + 保湿精华 + 保湿霜的组合，面膜以每周 2~3 次为好，每次不超过 20 分钟。过多的保湿程序有可能加重皮肤的负担。

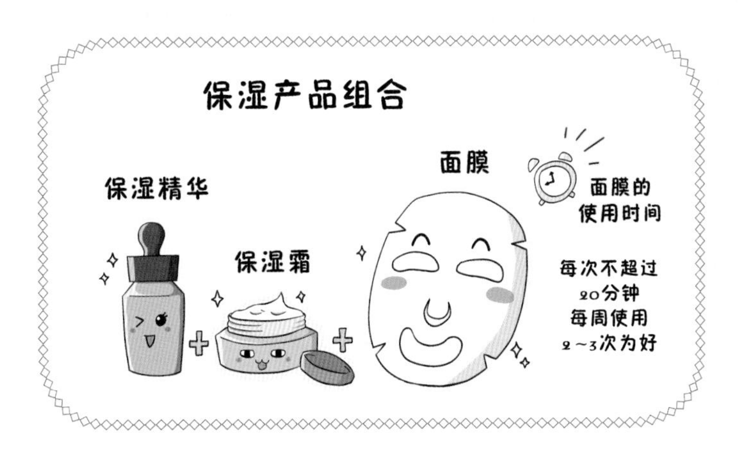

有一部分人存在皮肤屏障功能改变和（或）表皮水分减少的临床或亚临床状态，包括周围环境湿度低，临床上有明显遗传倾向的干燥表现（如鱼鳞病）或者临床表现不明显的疾病（如特应性皮炎、甲状腺功能减退症、糖尿病），

又或者使用劣质洗面奶（过度清洁）、紧肤剂和一些外用药物使皮肤屏障破坏，都需要使用保湿剂。

近年来，市面上各种剂型、功效的面膜琳琅满目，在面膜中最常见的是添加了不同保湿功效原料的保湿面膜，它能够调节皮脂膜，增加角质层水合作用，减少水分散失，达到保湿作用，从而预防干燥及皱纹。

因此应根据自己的皮肤类型，选择一款油脂含量适合自己皮肤的保湿膏霜或凝胶，配和使用面膜，即可提供皮肤所需要的水分。当然合理的膳食结构，包括水分摄入，对于人体健康以及维持皮肤的正常功能是必要的。

观 点

保湿是皮肤护理过程中很重要的一环，任何皮肤类型都需要保湿。保湿霜含一定成分的油脂，封包性较强，适合偏干的皮肤；乳液相对来说更清爽，适合偏油性皮肤使用。

不同皮肤类型可能皮肤含水量不同，不同季节空气干燥度不同，另外南北方的湿度可能也有一些差别，所以应该根据自身的皮肤类型以及不同季节和地理位置选择合适的保湿产品。保湿产品涂抹后皮肤既不油腻也不干燥，一般来说这样的保湿就可以了。

所谓的美白奇迹，说不完的故事啊

美丽说

俗话说“一白遮三丑”。古往今来的美女，哪个不是白嫩动人？想成为美女要分三步，分别是白！白！白！于是，美容的江湖上流传最多的，就是关于美白的传说：醋、柠檬、维生素 C，甚至还有双氧水！

专家点评

女性对美白的需求虽然五花八门，但是大体上能够分为两类：去除面部色斑、改善皮肤暗沉。实话说，前者相对容易，后者则困难很多。

美白的需求

除去色斑

改善皮肤暗沉

皮肤的颜色（包括色斑）主要是由于皮肤中色素细胞合成的黑色素多少决定的。色素合成包含几个环节：

一定的刺激（例如炎症），启动皮肤合成色素的功能，然后合成大量的色素，这些色素钻进角质中去以后就形成了皮肤的颜色，最后这些色素可以随着角质的代谢而排出。因此，祛斑一般要从这几个环节入手：

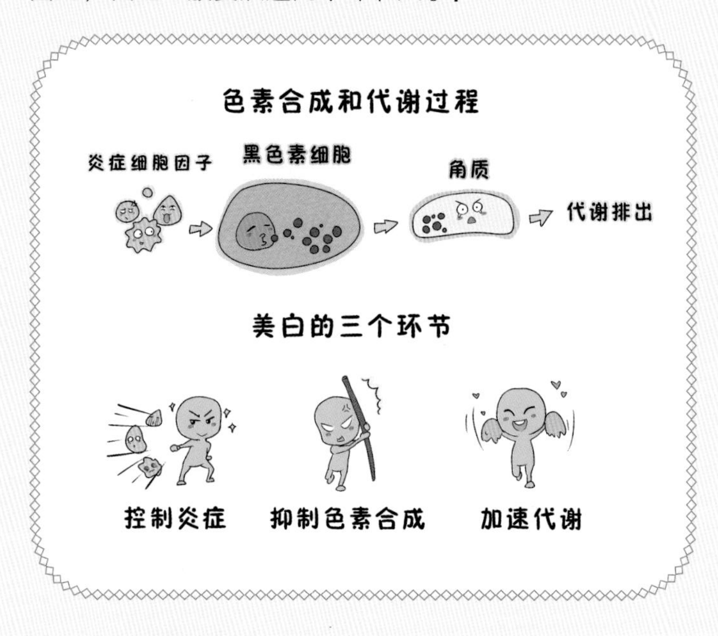

✦ 控制炎症

想到控制炎症，防晒当然是重要的预防措施，阳光的刺激可能加重皮肤炎症。

✦ 抑制色素合成

黑色素由酪胺酸氧化转换而来，因此逆转或预防这个氧化行为，理论上可以降低或避免黑色素颗粒的形成。理论上，这样的操作是对的。但实际上，随着敏感皮肤患者越来越多，皮脂膜受损状态下使用这些略带酸性的还原物质（传明酸、左旋 C、硫辛酸……），很容易跨过引发炎症的风险阈值。因此，当您决定运用祛斑药物这个美白武器时，请先维持（或修复）您的皮肤酸性保护膜，以符合“皮肤健康状态下使用还原成分是安全的”这个先决条件。

✦ 加速代谢

也就是增加角质代谢与黑色素代谢。

上面提到的所谓醋其实就是一种酸性液体，适度的 pH 的确能起到一定的角质剥脱松解作用，加速色素代谢。具有一定的美白作用；柠檬水、维生素 C，其实基本上就是维生素 C，尽管维生素 C 理论上具有祛斑美白作用，但是自然界中的维生素 C 几乎不被皮肤吸收；双氧水在高浓度的时候也有淡化色斑的作用，但是前提是这些物质能吸收且不刺激。遗憾的是，很多时候这些不经过任何加工的成分，一方面无法满足疗效的需求，另一方面也无法保障安全性，常常会损伤皮肤造成新的问题。

观点

以上祛斑方法看似很合理，但是由于浓度问题、透皮性等问题可能让“疗效”大打折扣。一些流传的美白方法，或者“宫廷秘方”，未必有效，也许就是一种江湖轶事，不值得追捧。

夜晚，密集护理，还是自由呼吸

美丽说

我很注重夜晚的皮肤保养，洗脸之后除了常规保养外，有时候还会额外加一些深度的皮肤护理以及按摩。可是我妈却觉得，白天皮肤经过灰尘、日晒等的“折磨”，晚上做好清洁就该让皮肤好好休息，护肤品反而会堵塞毛孔。

专家点评

美丽认为，睡前应该尽量使用多种保湿、抗皱、美白的护肤产品，以锁住水分，促进皮肤吸收，其护肤步骤繁琐且没必要，属于过度护理，会导致皮肤“富营养”。美丽妈则认为，夜晚不应该进行皮肤护理，看似减轻了皮肤的负担，殊不知皮肤得不到滋养会加速老化。因此，以上两种观点均存在误区。

夜晚是该对皮肤“密集护理”，还是让其“自由呼吸”？让我们来看看皮肤晚上的生理节律：晚间 8 点至 11 点间，微血管脆性降低，导致皮肤易水肿、发炎，密集保养项目不会达到良好效果，反而可能引起肌肤敏感等问题，这段时间应该进行清洁，去除面部过剩的油脂、护肤品及污染物残留。晚上 11 点至凌晨 5 点是表皮细胞生长和修复最旺盛的时间，这时细胞分裂的速度较平时快，因而对护肤品的吸收率也相对较高。另外，皮肤在夜间比在白天更容易流失水分，所以睡前清洁皮肤后进行适当保湿与滋养是合理的。

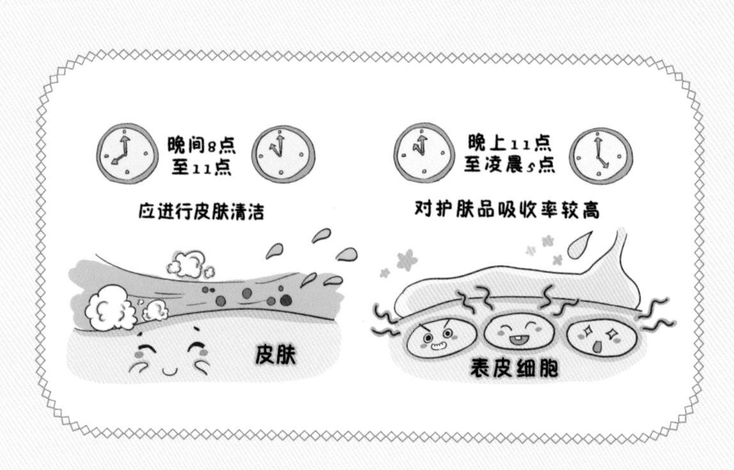

观点

年轻肌肤，新陈代谢能力旺盛，故睡前只需进行基本的保湿滋润即可。如果肌肤出现缺水、暗沉、老化，甚至弹力变差等问题，就要在肌肤吸收能力最好的时段给予一定的滋养产品。夜间充足的睡眠，加上适合自己肤质的护肤品，对于健康肌肤是必不可少的。密集护理，没有必要；完全不护理，而让皮肤“自由呼吸”，也并不科学。

自制面膜，别在脸上贴黄瓜了

美丽说

自制面膜都是自己动手新鲜配置，不含任何防腐剂，还可以针对自己的皮肤问题在网络找寻对应的有效成分，敷贴在脸上，美容又放心！

专家点评

如果是出于防腐剂的考虑而选用自制面膜的话，我必须要告诉大家，只要是正规、合格的产品，防腐剂的使用很正常，也很安全。其实在药品、化妆品和食品生产中防腐剂已经被广泛使用，之所以这样，是因为这些产品都容易腐败，而所有的产品从出厂、包装、运输、贮存、销售，最后到消费者手中短则半年，多则一年，在这一时间内如果不添加防腐剂后果将不可想象。事实上在合理的浓度下、规范地使用防腐剂，不会对人体健康产生任何问题。换言之，并非添加了防腐剂的产品就一定不安全。自己动手做面膜，虽然不会添加防腐剂，但是如何保障面膜的无菌？有消毒条件吗？如果不能做到无菌，那么后果可能比防腐

剂更加危险。也就是说，自己动手做面膜安全隐患更大。

还有些女生觉得，自制面膜，可以针对自己的皮肤问题个性化地搭配有效成分，这种想法固然好，可是实施起来却会面对一个问题——如何找到解决自己皮肤问题的有效成分呢？依靠网络检索吗？可是网络上的东西可信吗？网络上的很多信息可谓“鱼目混珠”，很多信息都是商业公司的广告性行为。换言之，网络上的信息并不能代表科学的结论和看法，恐怕非专业人士，很难分辨。

即便能找到一个真正意义上的有效成分，那么它能穿透皮肤渗入皮内吗？如果不能，那就没有作用。人类的皮肤具有非常强大的屏障功能，一般的成分如果不通过特殊的处理是很难透入皮肤之内的。

网上还有很多自制面膜的制作方法，出处无从追索，大多是用以下材料：鸡蛋清、牛奶、蜂蜜、水果／水果皮等。鸡蛋清也好，牛奶蜂蜜也罢，在自制面膜中的作用其实就类似于添加了一点氨基酸、蛋白等成分，这些成分会有一点保湿作用（在面部使用有一定程度的光滑感），水果中含有一些维生素或者果酸一类的成分。问题是，这些成分浓度、过敏性和刺激性无法控制，另外其实其“疗效”更多的只是“安慰剂”而已，经不住严格的科学验证。

面膜在很多情况下只是一种保湿补水的工具，希望面膜内添加的成分能透入皮肤并发挥功效不太现实，因为面膜在面部停留的时间很短暂，通常为 20 分钟，短短的时间内，即便有好的成分（例如水果中的维生素成分，一般是吸收不了的），也不太可能有时间进入皮肤内。可以延长面膜停留在面部的时间来解决这个问题吗？不能，因为面膜长时间停留在面部会将皮肤角质层“泡肿”，会对皮肤造成伤害。

✦ 自制果蔬面膜

很多女生都有过自制果蔬面膜的经历，新鲜的黄瓜、柠檬，稍加处理就涂抹在脸上，真的能改善皮肤状况吗？

事实上，自制果蔬面膜的风险很大。首先，植物中的原液过敏性风险很大，大多有刺激，对皮肤生理功能会产

生很大影响；其次，不经过灭菌消毒的这些原液是细菌病毒最容易滋生的培养基；再次，这些所谓的植物成分通常是大分子结构，未必真的能够透入皮肤之中起到什么作用。

✦ 神奇的阿司匹林面膜

国内外的美容论坛上流行着一种阿司匹林面膜：将5~6 片阿司匹林药片捻成很细的粉末，然后加一勺清水调和，用棉片蘸阿司匹林溶液擦在脸上，等待 20~30 分钟后冲洗掉。据说，用后面部皮肤异常光滑细腻，肤色变白、变均匀，痘痕淡化。

阿司匹林的主要成分是水杨酸，不同浓度的水杨酸对皮肤的作用完全不同，低浓度可以有轻度剥脱作用，也能增加皮肤表面酸度、软化死皮等，可以起到一定的美白作用（1%~3% 的浓度有角质促成作用，3%~6% 的浓度有角质剥脱和溶解作用）。但是高浓度的水杨酸会刺激皮肤（6%~12% 的浓度非常刺激，在皮肤科中常用来治疗特定疾病），对敏感性皮肤绝对是一个问题或者是一个考验，可能因此导致刺激反应。

对于自制阿司匹林面膜，需要面对的问题是：

★ 您能把握好水杨酸的浓度吗？能保证不会刺激甚至灼伤皮肤吗？另外，药片中还有其他成分（称为赋形剂），这些成分是否对皮肤构成刺激？您确定它对您的皮肤是安全的吗？

★ 您知道自己的皮肤类型吗？这种酸度极高的面膜您的皮肤是否能耐受，万一是敏感性皮肤怎么办？

市面上商业生产的面膜已覆盖了各种皮肤问题，而且价格便宜，与其自己倒腾不知效果如何的自制面膜，何不选购专业制作的有保障的面膜呢？例如含有左旋维生素 C 的面膜美白效果不错，一些果酸产品用起来就比水杨酸好，为什么要自己做？也有一些外用的含有水杨酸的精华，用起来可能更安全。

最后我想和您说，请不要相信那些美容达人介绍的偏方，不要将自己的脸当成试验田。这些自制面膜与商业产品相比，不会有更好的效果。

观点

自制面膜可能会导致皮肤损伤，而且不一定有用，大多数情况下只是一个安慰剂，建议不要使用。

面膜和荧光剂

美丽说

面膜（尤其是美白类面膜）既可以补水，又可以美白，所以深得像我这种爱美人士的钟爱。有些面膜甚至号称有“一敷即白”的效果，可以短时间内美白，实在让人神往。

专家点评

如果美白面膜真的能“一敷即白”的情况，除了表皮角质层吸水后的白润“即视感”之外，需格外当心是否添加了荧光增白剂。

所谓荧光增白剂，就是纺织、洗涤剂、造纸、涂料、塑料等化工行业用来起到“光学增白”的有机化合物，它利用了光学上的补色原理，能吸收人肉眼看不见的近紫外光，再发射出人肉眼可见的蓝紫色荧光，蓝色是黄色的互补色，衣物、纸张、塑料中的黄色由于蓝色光量的抵消而使物品显得更白。

虽然目前尚无足够的科学证据表明人工荧光增白剂能

给皮肤带来严重的伤害，但是它毕竟是复杂化学物质，一旦被皮肤吸收，可能有致敏的风险，如果迁移至体内，想要把它代谢掉就不是那么容易了。对身体而言，荧光增白剂是身体不需要的一种物质，它在体内的滞留可能带来健康隐患。荧光增白剂是一些从事化妆品制作的无良商家最爱添加在美白产品中的低成本“高效”成分，用得最多的为二苯乙烯的衍生物。

为避免使用含荧光剂的面膜，建议通过正规途径购买正规的产品。

观点

判断面膜是否含荧光增白剂的简易办法

在暗室里用伍德灯或者验钞笔、紫外线验钞灯照射，看面膜是否会发出蓝白色荧光。如果有，则提示含有荧光增白剂。

每天敷面膜，能否拥有好气色

美丽说

听说很多女明星都特别爱用面膜，睡前用、飞行途中用、活动之前用……完全是离不开面膜的节奏。其实呢，我也觉得敷完面膜后皮肤看着会特别有光泽，红润饱满且易上妆，真是对它爱不释手啊。

专家点评

面膜是否有如此奇效呢？如何正确地使用呢？首先，让我们来了解一下面膜是如何起到改善皮肤状况的作用的。面膜对皮肤主要有以下四个方面的作用：

密封作用

抑制皮肤表面水分蒸发，增加角质层内源性水化作用，使皮肤柔软光滑。

温热作用

涂敷皮肤表面起到隔绝空气作用，使皮肤温度升高、毛孔扩张、毛细血管扩张，加速血液循环及细胞新陈代谢。

渗透作用

密封作用增加角质层水化作用，可促进物质渗透吸收。

清洁作用

在上述作用的基础上，角质软化毛孔扩张，面膜可很好地吸附皮肤分泌物及污垢。

我们的皮肤作为人体最大的器官，起着隔绝有害物质的重要屏障作用。平日直接接触冷、热、紫外线、辐射、灰尘、微生物等有害刺激物，这些因素都会导致皮肤出现粗糙、色斑、暗沉、油脂分泌过盛、毛孔粗大、老化等不良问题。纵使衰老是不可抗的，但如果及时做好护理和保养，则可在一定程度上延缓这一过程。例如，皮肤缺水会导致细纹出现，及时补充水分，细纹会减少或消退，而敷面膜确实可以起到清洁皮肤、补充水分及养分的作用。

目前市面上的面膜大致包括清洁类和保养类（又称功效类）。清洁面膜多为膏状、撕拉式，使用前可用热毛巾或热蒸气熏

蒸，以达到扩张毛孔的效果。膏状面膜涂敷的厚度要足够，才能维持密闭状态。另外，涂敷时可以区分部位，T 区适当厚一些，两颊则薄一些。

清洁面膜建议油性皮肤每周 1 次，干性和敏感皮肤每月 1~2 次。撕拉面膜尽管清洁能力强，但长期撕拉的动作可能导致皮肤松弛，故使用受到限制，油性皮肤及油脂分泌旺盛的 T 区可每 3~4 周使用 1 次。注意撕拉时动作要轻柔，从下往上撕拉。干性皮肤和敏感皮肤，不建议使用撕拉面膜。

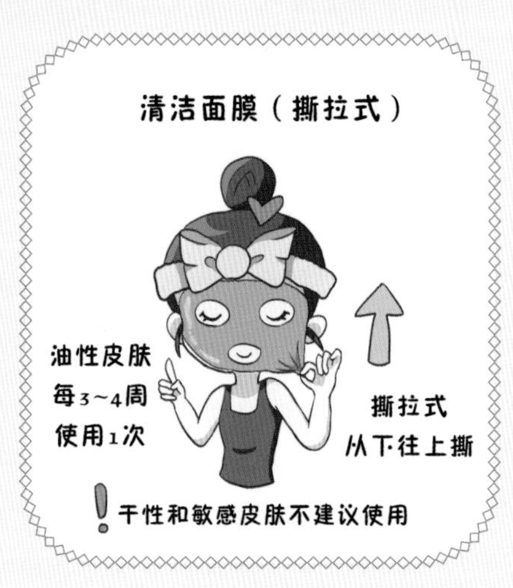

保养类面膜根据其目的又大致分为保湿、抗衰老、美白祛斑、控油以及舒缓 5 大类，可以是粉状、膏状、湿布状。粉状面膜比较温和，由消费者在使用前自己加水调配成糊状涂敷于面部；膏状面膜对皮肤密封性能好，增加角质层水化作用，促进皮肤对营养物质的吸收；湿布状面膜可迅速补水及补充各种营养成分，须注意使用前不要用热水或微波炉加热湿布面膜，在敷的过程中可盖上干毛巾增加封闭性。在选择保养性面膜时，应该根据肤质、季节变化、目的综合考虑。保养类面膜属于护肤品中的“大餐”，天天“大餐”想必也会“消化不良”，一般不需要天天敷，每周 1~2 次即可。

无论使用哪种面膜，敷的时间不能过长，因为敷面膜时间“超支”会导致肌肤失水、失养分，一般来说 10~15 分钟即可。

观点

面膜作为清洁皮肤和补水手段还是比较理想的，但是它在皮肤上停留的时间不能太长。面膜中功效成分即便能渗入皮肤，也是相当有限的。

冬季、阴雨天和室内，需要防晒吗

美丽说

相信很多美眉都和我一样，怕晒黑、怕晒伤，所以我们在夏天啊、艳阳天啊，还是很注意防晒的。可是涂抹防晒霜还是挺麻烦的，在冬季、阴雨天和室内，需要防晒吗?

专家点评

基于我国的审美文化——一白遮三丑，大家对皮肤的色斑特别在意，所以很多女生会在炎炎夏日做好防晒工作。可是，冬天呢，阴天呢，室内呢? 在阳光不强烈的地方，还有防晒的必要吗?

要回答这个问题，首先要来了解一下我们所说的“防晒”到底是防什么。

紫外线分为短波紫外线（UVC）、中波紫外线（UVB）和长波紫外线（UVA），其中 UVC 可被臭氧层阻挡，不会到达地表。UVA 和 UVB 则可穿过云层，到达我们的皮肤，是导致皮肤光损害的主要元凶。

UVB 波长为 290~320nm，主要集中于夏季，能到达表皮层，使皮肤被晒伤，引起脱皮、红斑、晒黑等现象，但它可被玻璃、遮阳伞、衣服等阻隔。

UVA 波长 320~400nm，全年四季均有，即便在阴雨天也存在。它的穿透力更强，能穿透云层和玻璃，穿透皮肤表皮层到达真皮层，损伤真皮脂质及胶原蛋白等导致皮肤光老化，加速黑色素生产，皮肤出现皱纹、松弛。防晒是为了抵挡 UVB 和 UVA 对皮肤的侵袭，所以一年四季都是必不可少的。

UVA 和 UVB 的作用相对来说是类似，UVA 对于光老化的作用以及晒黑的作用可能更突出一些，而 UVB 对晒伤的作用更突出一些。

在室内或者阴雨天，尤其是夏季的阴雨天，由于大量的 UVB 被云层遮挡，因此皮肤对日光的感觉（晒伤、晒红的感觉）会轻一些，会让人误认为不再有紫外线的袭扰了，进而放松对于紫外线的警惕，其实此时 UVA——这种引起光老化和晒黑的主要光源还是一直存在。

另外冬季，但是仍然有大量的紫外线抵达地表，如果是下雪天，雪的反射会增强紫外线的照射作用，因此冬季同样要注意防晒。

小贴士

360 度无死角防晒攻略

1. 防晒应该全天候进行，无论夏天还是冬天，无论雨天还是晴天。

2. 夏季炎热季节，尽量不要在上午 10 点至下午 4 点这段时间在阳光下活动，这是最具风险的时间段，如果在高原，或者海边，紫外线的强度可能更高。

3. 防晒的手段是多样的，常规防晒方法除了外用防晒霜外，还要注意太阳帽、太阳伞的应用。

观点

在白天，紫外线无时无刻、无处不在，防晒最好是全年、全天候，只有做好防晒工作，才能更好地享受阳光。

皮肤科医生教你选购防晒产品

美丽说

不同指数的防晒霜，总是让人晕头转向，到底要怎么选呢?

专家点评

首先我们要知道何为“防晒”以及我们平常人为何要做好防晒。防晒是指为达到防止肌肤被晒黑、晒伤等目的而采取的一些用来阻隔或降低紫外线吸收的方法。

紫外线根据波段不同，分为短波紫外线（UVC）、中波紫外线（UVB）和长波紫外线（UVA）。目前认为UVC对皮肤色斑没有直接影响。UVA是导致皮肤色斑、变黑的主要原因。在阳光中紫外线的能量分布中，UVA是UVB的15倍，UVA照射后表皮会产生大量的黑色素颗粒，以吸收紫外线来保护人体免受伤害，这就导致了色斑和皮肤变黑。不仅如此，长时间接受UVA照射后，皮肤细胞DNA会受到损伤，甚至凋亡，加速皮肤老化，甚至能引起皮肤癌。UVB主要造成皮肤晒伤，比如当我们的皮肤短时间暴露在强烈阳光下，皮肤会出现发红、灼热、疼痛，甚至水疱等症状，这就是晒伤。长时间UVB照射也会损伤细胞DNA。

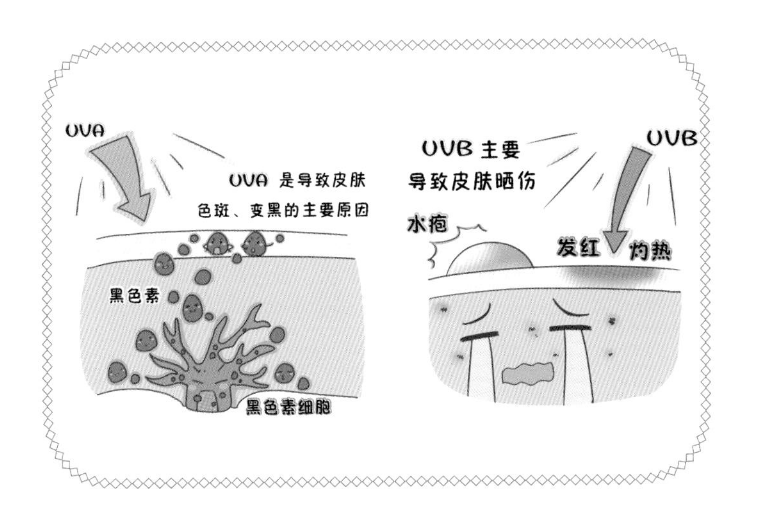

防晒化妆品中起到防晒作用的物质称为防晒剂，可分为化学性紫外线吸收剂、物理性紫外线屏蔽剂和各种抗氧化活性物质。优良的防晒产品是在安全性的基础上将各类型防晒剂复配使用，从而起到良好的防晒效果。

一款好的防晒霜，它应该能够满足以下4个条件：①全波段防护；②产品具有高安全性、化学稳定性、光稳定性；③对皮肤无刺激、无毒性；④防水抗汗功能。

那么，如何量化评价一种防晒产品的防晒效果呢？爱美的你对于包装上的功效标识是否能够正确辨认呢？

在防晒性化妆品的功效评价中，我们常常用到SPF和PA这两个指标。

SPF反映了防晒产品对UVB晒伤的防护效果，即我们常说的防晒指数。如SPF15，理论上是指15倍的防晒强度。假设一个人在未抹防晒霜的情况下晒10分钟皮肤开始出现红斑，那么抹上SPF15的防晒霜后，她在15×10分钟后才会出现皮肤晒伤（紫外线强度不变的情况下）。但是，上述数据仅仅出现在理论中。首先防晒产品的涂抹要达到一定的厚度，一般为$2mg/cm^2$；其次随着时间的推延，涂抹到皮肤上的防晒产品会逐渐损耗。所以，实际生活中防晒产品的防晒时间要短于理论数值。

PA 反映了防晒产品对 UVA 晒黑的防护效果，常常以“+”来表示。防御效果被区分为三级，PA+ 表示有效，PA++ 表示相当有效，PA+++ 表示非常有效。

SPF 数值和 PA 等级越高，说明防晒效果越好。

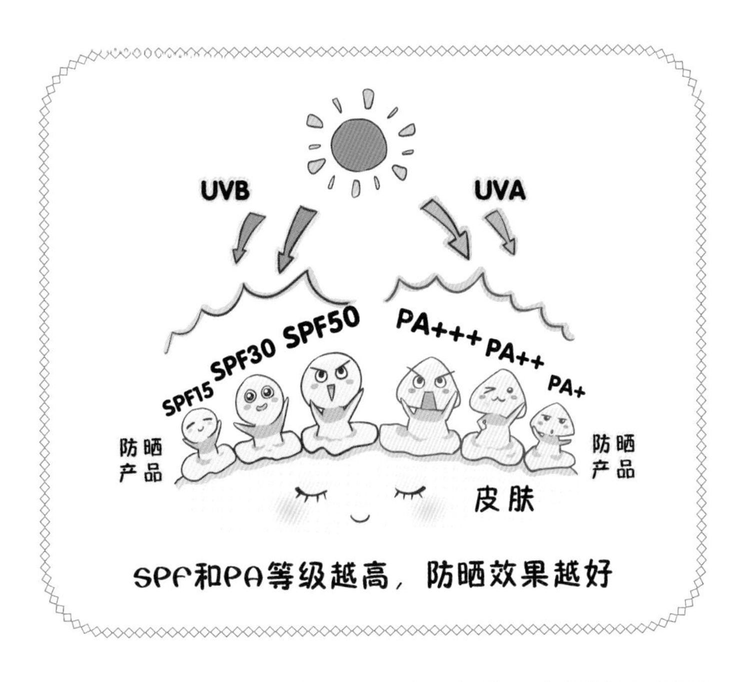

但并不是说选购防晒产品的时候就一定要购买 SPF 数值和 PA 等级最高的，因为系数越高，防晒产品中物理或化学防晒剂的含量往往也越高，对皮肤的刺激更大，容易堵塞毛孔，甚至导致粉刺、发炎等。

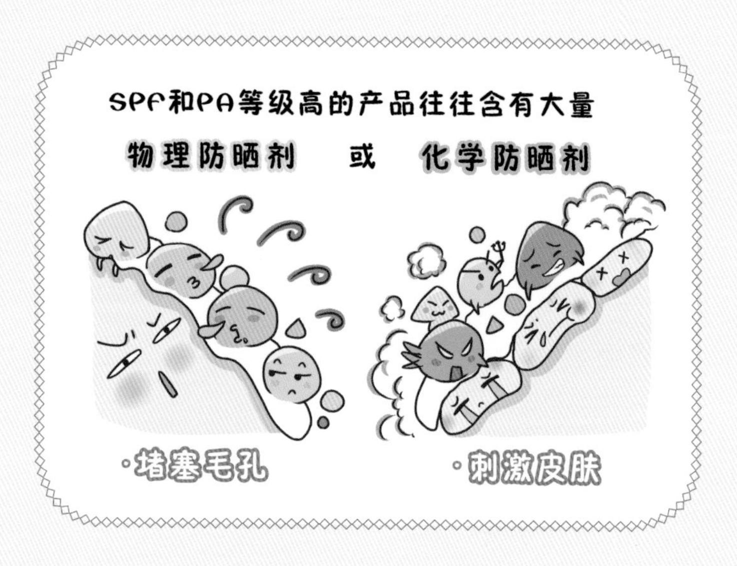

对于防晒产品的选择，如下建议可供您参考：

★ 最好选择同时具有防御 UVB 和 UVA 功效的防晒产品。

★ 在夏天最好选择具有防水、抗汗功能的防晒产品。

★ 根据季节和环境选择防晒产品。冬季室外和夏季室内工作为主的女性可选择低中等防护效果的防晒产品，如 SPF 8~15，PA+；夏季室外活动最好选择 SPF>20，PA++ 的防晒产品；长时间户外活动，如在海边、雪地等环，境则需要 SPF>30，PA+++ 的防晒产品。

观点

紫外线虽然令人畏惧，但阳光可以帮助人体吸收钙质，好处多多，所以做好防晒工作，保护好皮肤，才能更好地享受阳光。

你一定要了解的防晒霜涂抹要点

美丽说

最近每天都防晒，可是一个夏天过去，还是晒黑了不少，是我选的防晒霜出了什么问题吗?

专家点评

购买了适合的防晒产品，又能做到每天使用，是不是就万无一失了? 当然不是! 要知道，只有正确使用防晒产品才会为防晒加分哦。

✦ 如何正确涂抹防晒产品

涂抹防晒产品的正确方法是轻拍，不要来回揉搓、使劲按摩，避免产品中的粉末成分被深压入毛孔和皮肤沟纹中，一般出门前 15~30 分钟涂抹。防晒霜擦得够厚、够均匀是获得最佳防护效果的关键步骤，一般脸部和颈部约需两个手指腹的量。同时注意，每天晚上务必将防晒产品彻底清除干净，不要带着防晒产品休息和睡觉。

值得注意的是，防晒产品所标识的 SPF 值及 PA 等级是在标准实验室条件下（$2mg/cm^2$）测试得到的，而在日常生活中的用量往往低于这个标准，仅有 $0.5\sim1.0mg/cm^2$，在这种用量下，产品是达不到所标识的防晒强度的，而且防晒霜中的防晒成分在衰减紫外线的同时本身也会消耗，因此在强光下每 2~3 小时补涂一次防晒产品就显得非常重要了。

流汗或者毛巾擦拭等都会降低防晒效果，重复涂抹并不是得到新的防护，而是保持防晒效果，因此游泳或流汗后必须补涂防晒。

任何保养品，甚至只是水，只要覆盖在防晒霜上便会影响它的功能，所以防晒霜应该涂抹在皮肤的最表层。

✦ 仅仅涂抹防晒产品就够了吗

那是不是按照上面的原则做了，就可以安心无忧地享受阳光了？事情哪有那么简单，防晒产品的防晒效果会受到其他因素影响，如衣物蹭刮、汗液稀释以及日晒后防晒产品本身成分变化等，再好的防晒霜也有它防晒能力削弱的时刻。

所以，如果我们在涂防晒霜的同时配合戴帽子、打伞这些最原始的防晒方法，则能把对自己皮肤的防护能力发挥到最大。当然我们也不能走另外一个极端，认为戴了帽子打了伞就不需要涂防晒霜了。因为打伞戴帽子只能阻隔5%~15% 的紫外线，而从地面上、水面上反射的阳光是没办法用伞或帽子挡住的。一般来说，草地反射的紫外线射线为 1%；沙地反射的紫外线射线为 10%；水面反射的紫外线射线为 20%；雪地反射的紫外线射线为 80%。所以，两者结合才是最佳的防晒方式。

阳光强烈时，最好穿深色衣衫，而不是白色的。白色

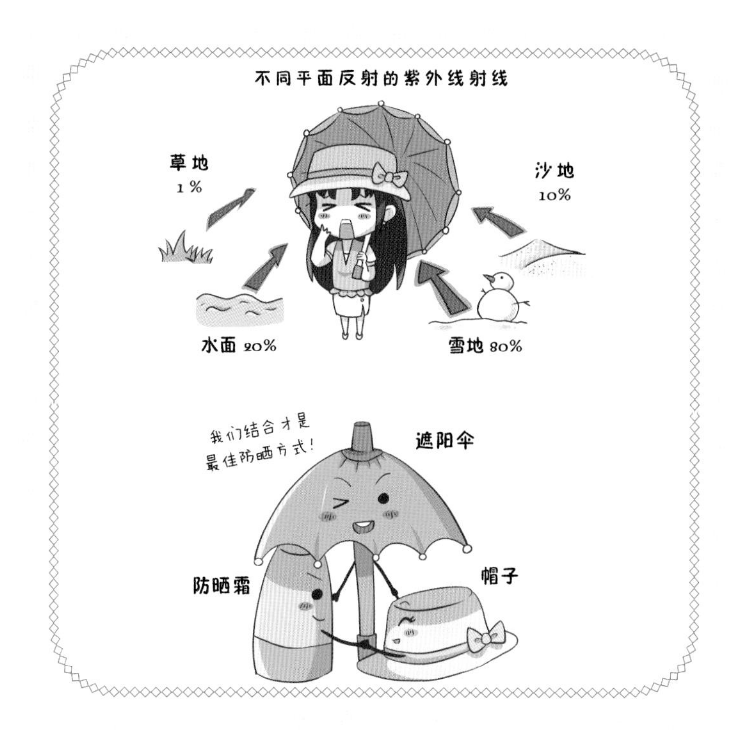

衣服只反射热度，却无法阻隔紫外线。黑色、红色、紫色的棉质衣服是不错的选择。

观点

要想安心享受阳光，防晒产品的使用就要足量、多次，每隔2小时重复使用一次。在夏天，或者在阳光较为强烈的地方，除了外涂防晒产品外，最好还是结合打伞、戴帽、穿长袖衣服来防晒。

物理防晒 vs 化学防晒

美丽说

这个世界好残忍，竟然连防晒霜也分物理防晒和化学防晒，对于选择困难症的我，简直是个噩耗。根据我的理解，物理的必然更安全，化学的貌似很高端，所以究竟选择啥呢?

专家点评

想搞懂物理防晒与化学防晒的恩恩怨怨，必须从生活习惯的历史演进谈起。人们到了户外，面对强烈的阳光，多半习惯性举手遮荫。这个“拿手来挡太阳”或躲在树下、巨石后，还有撑开伞、戴帽子等，都是物体遮蔽模式的防晒行为。

还请各位想象一下：既然躲在石头后可以避开阳光直射，那么把石头磨成石粉，涂抹在脸上当然也可以避免阳光对皮肤的灼烧。后者就是涂抹物理防晒成分的基本原理。

另一方面，远古纹饰文化随着社会进步而开始扩散。从最早的皇族与祭司脸谱（还记得埃及艳后的深邃眉眼吗）到宫廷歌伎乃至民间美人的妩媚风采，各式各样彩妆普遍流行起来。既然彩妆已经取代了正常肤色，我们又如何相信风姿绰约的佳人在使用了绛粉色的腮红后，还愿意再涂上灰灰暗暗的物理防晒粉末，让迷人的亮桃红瞬间变成恶心的酱紫色？是的，姑娘们既然使用了深蓝色眼影与绛粉色腮红，就再也无法忍受灰暗石粉带来的色泽改变。于是清淡、没有负担的化学防晒产品应运而生。

从此，人类的防晒行为就明显区分开来：物理防晒措施或使用防晒产品。前者如避荫、戴帽、长袖衣物；后者又分为物理防晒与化学防晒两种成分。

物理防晒，全称为物理防晒剂，常用的成分是二氧化钛和氧化锌。物理防晒剂如同贴身的“防护伞”，通过物理遮蔽、折射和反射光线而达到防晒的目的。它的优点是防晒剂不被皮肤吸收，所以安全性高、稳定性好，即涂即防晒，无须等待，而且可以较长时间反射紫外线，只要不出汗或者擦拭，可以一直保持防晒效果。因为它不在皮肤上发生化学反应，所以对皮肤较温和，敏感肌肤人群甚至儿童也可使用。但是，纯的物理防晒剂因其性状只能配制成油性的膏剂，所以质感比较油腻厚重，涂在脸上容易泛白，对于油性皮肤、痤疮皮肤就需慎重选择。另外，物理防晒剂的防晒效果不太好，单纯使用物理防晒剂很难让SPF超过10。

化学防晒，全称为化学防晒剂，添加了吸收UVA/UVB的吸收剂。化学防晒剂质地比较细腻，抹在皮肤上感觉比较清爽，没有负重感，更适合油性皮肤，而且化学防晒剂能达到很好的防晒效果，SPF能达到60以上。但是，缺点是有些产品可能引起过敏。化学防晒剂中的二苯酮被美国接触性皮炎学会选为2014年度接触性过敏源，而这种成分又十分常见，从20世纪50年代起就被用于化学防晒剂中。另外，由于化学防晒剂存在“光降解”，在紫外线作用下容易衰减，防晒效果会慢慢变差，所以需要每隔一段时间补抹。

物理防晒剂安全但细腻度不足，化学防晒剂清爽却多有刺激，既然两者各有优缺点，于是就有厂家试着将两者合二为一，推出物理化学混合型防晒产品。这种产品宣称可提供物理防晒剂达不到的相对高的防晒系数，另一方面也能减轻物理防晒的厚重感。

目前，皮肤科医生对评价理想防晒剂的标准达成了共识，最好能够满足以下四个条件：①全波段防护；②安全性、化学稳定性、光稳定性俱佳；③无刺激、无毒性；④具备防水、抗汗功能。可见，并没有哪种防晒方式是绝对好于另外一种。大多数情况下，我们需要根据自身的情况来选择具体的防晒方式。

观点

事实上大多数的防晒产品都是物理性防晒和化学性防晒的混合物。除非特殊的敏感皮肤，大多数情况下我们没有必要钻牛角尖。应该根据使用者的实际情况选择防晒产品：油性皮肤可选择防晒乳，比较清淡；干性皮肤可选择防晒霜，具有一定的润肤功效。对于皮肤比较敏感的人来说，可尽量选择安全性更高的物理防晒剂。如果你在海边或游泳，可选择抗汗型防晒产品，但是一般户外活动则没有必要选择，因为抗汗型防晒产品很油腻，使用感欠佳。

有没有口服的防晒产品

美丽说

近期一些口服防晒产品在网络热卖，宣称比涂抹防晒霜更管用，非常适合“曝晒族”。此类产品宣称一经服用，便可尽情地享受日光浴而不必担心被灼伤，无须涂上厚厚的防晒霜，也不用再把自己裹的像个粽子了。

听起来足够神奇，但是，真的神奇吗?

专家点评

口服防晒品，真的有效吗?

首先，我们来看看紫外线损伤皮肤的医学机制：紫外线会损伤细胞 DNA，不同程度影响蛋白质的合成和细胞的正常生理功能，导致皮肤细胞衰老甚至凋亡；紫外线会引起体内氧自由基大量堆积，氧化与抗氧化平衡被打破，导致氧化应激反应，损伤细胞 DNA、脂膜及蛋白质；紫外线还可以抑制表皮内朗格汉斯细胞的活性，而朗格汉斯细胞是皮肤内具有免疫防御功能的重要细胞，朗格汉斯细胞受抑制会导致皮肤免疫功能下降；紫外线激活基质金属蛋白酶，导致胶原纤维和弹性纤维变性、断裂，合成减少等。

那么，评价防晒品的标准，就是看它是否具有以及有多大能力，从以上途径阻断或减少紫外线对皮肤的损伤。市面上销售的各类口服防晒品成分，其原理实质是抗氧化成分，比如β-胡萝卜素、叶黄素、番茄红素等抗氧化剂，它们能在一定程度上“抵抗紫外线”“减少皮肤受损”。从作用机制来看，这些抗氧化剂服用后可以内源性修复和抵御紫外线诱导的 DNA 损伤，保护超氧化物歧化酶的活性与结构不受自由基氧化损伤，抑制氧化应激反应诱导的细胞凋亡，从而达到保护皮肤的作用。

举例来讲，β-胡萝卜素口服后转变为维生素A，用于减轻脂质过氧化性损伤。健康人群可以通过针对性补充β-胡萝卜素，数周后MED值（最小红斑量，即UVB引起未保护皮肤出现红斑的最小剂量）升高，可以减轻紫外线诱导的红斑反应，光敏感患者服用后对日光的敏感性亦降低。但是，β-胡萝卜素在人体内代谢很快，单纯靠口服抗氧化剂来起到持久防护紫外线的作用，普通的剂量是远远不够的。因此，即便是口服此类抗氧化剂，长时间日晒时仍需外在防护，才能避免晒伤。

近期被热炒的是国外的一款口服防晒品，其活性成分为从美国中南部地区的一种天然热带蕨类植物中所提取的亲水性成分，它可以灭活活性氧和自由基，特别是超氧负离子，并可以抑制脂质氧化。据称在户外曝露于阳光之前预服PL 1080mg，可以提高MED值（最小红斑量），防晒指数为2.8。也就是说，如果一般黄种人皮肤平均能抵挡阳光 15 分钟不被灼伤，那么服用防晒指数为 2.8 的该种制剂后，大约只有 42 分钟（15 分钟 ×SPF2.8）的防晒时间。所以，靠口服防晒剂达到长时间抵抗紫外线的效果，暂时还只是一种理想。

我们认为，目前市面上流行的这些口服防晒产品的效用是被夸大了。口服防晒品可能起到辅助增加肌肤抵御紫外线能力的作用，但无法像广告宣称那样的“一旦口服，就无须防护”。阳光强烈时，如果长时间暴露在户外，做好物理防晒才是硬道理。推荐防晒四宝：防晒霜、遮阳伞、遮阳帽、墨镜。必要时，也可穿上防晒衣。

另外，还有哪些口服抗氧化剂可以辅助防晒呢？比如维生素 C 和维生素 E 联合口服可以协同对抗自由基，保护细胞。在一项研究中 20 人每日联合服用维生素 C 2g 和维生素 E 1000IU，共服用 8 天，与安慰组相比，引起最小红斑反应的 UVB 剂量明显增加。硒也是抗氧化酶组成中必不可少的成分，硒可以抑制紫外线诱导的 DNA 氧化损伤，阻止脂质氧化。此外，ω-3 多不饱和脂肪酸，是鱼肝油的衍生物，同样具有中和自由基和保护其他组织免受自由基损伤的作用。研究发现，长期服用鱼类的健康人黑色素瘤的发病率比对照组低。另外，烟酰胺、绿茶多酚、水飞蓟素、大豆异黄酮等一些成分也在动物或临床试验中证实有光防护作用。

随着科技发展，我们期待更科学、更有效的口服防晒品问世，也许可以在真正意义上超越防晒霜的功效。但目前来看，要想达到理想的防晒效果，可以适量辅以口服抗氧化制剂，但关键还是靠外在防晒。

观点

的确有些产品口服后能起到部分防晒作用，但是与外涂防晒剂比较，外涂防晒剂仍然占有很大优势。不能因为口服了防晒产品就忽略外涂防晒剂，更不能因为口服了防晒剂就完全不去防晒。

隔离霜，隔离的到底是什么

美丽说

化妆品专柜的小姐都说：“隔离霜可以隔离外界脏空气，也可以保护皮肤免受化学彩妆品的侵入。”现在雾霾污染这么严重，我认为即便没有上妆习惯，出门时还是要抹上隔离霜，才能真正地保护自己……

专家点评

身为专业医师，我一直没有找到关于“隔离霜”的原始定义。勉强有医师认为应该等同 pre-make up 或 make-up cream，翻译成中文应该是妆前霜的意思。既然可取得的信息这么少，我担心“隔离霜”这三个字恐怕是华人的特有发明……如果真是一

个“发明”，没办法搞懂隔离霜究竟要隔离什么就不是件奇怪的事了。

还是先回过头看看“妆前”霜概念吧。稍微懂点彩妆原理就明白，皮肤妆粉斑驳脱落，也就是“掉妆”或“脱妆”现象，多半是因为皮肤干燥。已经干燥的皮肤再涂抹更多粉体，消耗了稀有的皮脂膜，会让皮肤更干粗，细纹更明显。为了保证彩妆对皮肤的吸附能力与避免后续干燥，上妆前使用保湿乳液或乳霜是必要的。然而上妆前使用保湿霜来滋润皮肤，又会产生油光过多破坏彩妆感的问题。所以适度油润的“妆前乳”或“妆前霜”就应运而生。

从妆前霜的设计理念，各位可以发现一个很大的商业缺失——需要保湿的朋友不会购买妆前霜，不上彩妆的朋友也不会购买妆前霜。换句话说，妆前霜变成了彩妆领域可怜的小配件。

于是聪明的商家又发明了“隔绝伤害人体的紫外线及脏空气”“隔离彩妆品的化学成分”甚至“提亮肤色与保养皮肤”这些神奇说法。特别是“空气很脏，无论化妆与否都必须擦隔离霜”的宣传，既缔造了隔离霜的神话，又使业绩激增。接着，添加了防晒成分、加强隔离遮瑕的BB 霜、CC 霜陆续上市，医师们从此忙着解释，或者忙着治疗过度覆盖、过度卸妆的敏感肌肤。

请各位冷静思考“隔绝伤害人体的紫外线及脏空气”。如果着眼于“紫外线的防护”，显然不属于妆前霜原始设定，也与防晒霜重叠——您买产品的目的究竟是防晒，还是妆前使用？更何况任何乳液与乳霜（当然包括防晒霜）都可以隔离空气。因此“隔绝紫外线及脏空气”基本上就是防晒霜。

“隔离彩妆中的化学成分”？既然担心彩妆风险，不上妆也许是个更好的选择。如果无法拒绝彩妆的诱惑，任何乳液或霜体都可能溶出彩妆中的油性色料，继而渗入皮肤（别忘了，角质的亲油性比亲水性高）。

至于“提亮肤色与保养皮肤”，前者属于彩妆类（添加了很多遮瑕成分），后者还是属于护肤品，有些产品会在护肤品中添加一些色素和遮瑕成分，但本质上可能还是一种彩妆。

观点

“隔离霜”很容易误导大众，似乎用了它就能保护皮肤，但实际的情况是商业社会里什么事情都能发生，一会是 BB 霜，一会是 CC 霜、DD 霜……这些产品与科学无关，基本都是商业故事和名称。

隔离霜能代替防晒霜吗

美丽说

隔离霜真是好东西呀！除了隔离紫外线与脏空气，还可以隔离电磁波、彩妆的化学渗入。如果添加了润色、保养成分，晋级成 BB 霜甚至 CC 霜，还兼具了保养效果！隔离霜这种好产品，基本就是一瓶走遍天下……真是太！神！奇！啦！

专家点评

也许您对彩妆与护肤品的详细差异并不清楚。如果能够理解“美容艺术领域的彩妆品”与“皮肤生理领域的护肤品”完全是不同的两件事，这个问题就变得十分简单，不易上当了。

先谈护肤品。顾名思义，护肤品的使用目的是保养，也就是帮助皮肤维持基本的生理功能。比如说，年老干燥的皮肤使用的保湿产品，设计的初衷是“小分子湿润成分渗入角质，帮助柔软。外用油脂与透明质酸等大分子增加锁水能力，避免水分散失”；又比如美白护肤品“运用左旋维生素 C 渗入表皮基底层，减缓黑色素的生成速度。”甚至“本产品特别运用最新科技，大大增加有效成分的渗入吸收”……许多广告词都在反复表达一个含义——护肤品的使用目的是渗入，希望影响皮肤的生理表现。

但是彩妆品不是这样的。人们使用彩妆品，目的是希望气色更佳。无论是化学颜料或矿物质彩妆，没有人希望这些成分渗入皮肤。即便看起来相对安全的矿物质原料，如果厂商把关不严，仍旧可能出现铅、汞及其他重金属污染问题。这在彩妆界并不是罕见的秘密。换句话说，对于所有人，使用彩妆的重点是别渗入，别伤害身体健康，其次才是化妆化得真美丽。

我们整理一下：护肤品的目的是渗入，彩妆品的重点是别渗入。商家如此设计产品就不令人意外了：彩妆对皮肤有刺激风险，因此多半在产品中更为注重抗渗入作用，如刻意加大分子，或者强调事前以隔离霜“填塞毛孔，避免彩妆卡入”。对护肤品吸收的意义来说，这些抗渗入作用是非常不友善的。反过来说，护肤品刻意营造的“添加助渗入因子”“特别纳米化设计”或“请轻拍、按摩直至产品完全吸收”这些做法，也增加了彩妆品的致敏风险。

因此无论从理论或实践中，都应该先使用护肤品接触皮肤，甚至多按摩以加强渗入。保养程序结束之后再使用彩妆，祈祷它被安全地隔离在外，当然成为各位习以为常的标准做法。

经过这样分析，各位对“隔离霜添加了更强遮蔽效果，变成 BB 霜，可以遮蔽毛孔、凹洞等重大瑕疵”“BB 霜再添加珍贵营养成分，让皮肤保养更完整而完美，因此升级为 CC 霜”这些商业故事，应该很轻松一目了然，透彻破解了。

回到“隔离霜能代替防晒霜吗”这个题目吧。前面说过，如果把隔离霜等同于妆前霜，重点就放在细致触感与适度滋润，以维持良好且持久的妆感。在这个前提下，最多只能少少地添加粉剂——太干燥的隔离霜，难以扮演良好贴妆的角色。粉剂不够多，物理防晒能力不足。假设您是制造厂商，您会考虑制作一款妆感不好、防晒也不强的妆前霜？还是好好地完成细致妆容，之后再涂抹上防晒霜？答案自然就浮现了：所谓“防晒型隔离霜”无法添加太大的防晒系数。使用这种相对轻油腻，又有多种色系可以选择的隔离霜，加上适度的帽子、撑伞、中午别出门等防晒措施，对于一般办公室工作者应该是足够的。也就是说日常轻度日晒者，“防晒型隔离霜”确实有可能部分取代防晒霜的作用。至于黑斑明显、皮肤炎症、激光术后这些情况，您真的需要（也必须在乎）防晒效果。建议您还是老老实实避晒，分别选用防晒与彩妆产品吧。

观点

隔离霜是个定义不清楚的名词，当然可能出现“样样通、样样松”的窘境。如果回归“妆前霜帮助妆容细致、稳定、持久”的原始设定，建议把隔离霜当作隔离霜、防晒霜当作防晒霜，老老实实地让它们各司其职，如此既避免了妆容脱损的缺憾，也预防了防晒不足的伤害。

改善篇

黑眼圈是怎么回事

美丽说

有人说："黑眼圈是因为夜晚喝水太多"，有人说："黑眼圈是肾不好，要好好补肾才行"，还有人说："黑眼圈是因为缺乏睡眠导致的"。黑眼圈到底是怎么回事，用什么方法能改善呢?

专家点评

黑眼圈的形成，和血管瘀滞关系密切。我们知道，眼周组织非常疏松，血管丰富，但是血管细小容易发生瘀滞。另外长期的血管瘀滞也可导致血管壁的松弛与扩张，加重血液的瘀滞现象，使得眼周发青。

长期熬夜、疲劳工作等都会导致眼周肌肉组织的疲劳充血，久而久之导致眼睑部皮肤松弛、血管瘀滞。当然，长期用眼疲劳不仅导致血管淤滞，还有可能导致脆弱的小血管破裂，血红细胞外渗。这些渗出的红细胞会释放出大量的血红蛋白，导致局部皮肤如同铁锈色一样的外观，黑眼圈就形成了。

了解了形成的原因，那么治疗就有了对策，首先有氧运动非常重要，能加速身体的代谢，缓解皮肤的衰老和黑眼圈。同时充足的睡眠对于身体健康也是非常重要，为了健康和美丽，从现在开始拒绝熬夜吧。

吸烟对皮肤血管是一种伤害，因为尼古丁能加快皮肤胶原的溶解。在皮肤科治疗血管性疾病的时候，医生一般要求患者戒烟，因为尼古丁能让血管收缩而加重疾病。黑眼圈很多时候是眼周的血管问题，所以如果想改善黑眼圈，就一定要坚决戒烟。

眼周皮肤相对于其他部位的皮肤更加脆弱，需要更加精细的护理，这也是为什么商家推出了专门针对眼部皮肤的眼霜的主要原因。其实眼霜和保湿霜在性质上并没有太

大差别，但是眼霜中的添加成分要少，而且原材料的选择更加谨慎，从而保障产品的低刺激性。

不要过度清洁眼周皮肤，因为其脆弱的一面无法承受磨砂、深度清洁等的处理。请不要过多使用眼影，那些染料最少对皮肤没有太大好处，相反对皮肤的刺激反应却是我们关注的重点。而且眼影有时很难用水清洁掉，必须用卸妆产品去除，这又会加重对皮肤的损伤。我推荐在您工作之余，做一做眼保健操，按摩一下您自己的眼周皮肤，改善一下皮肤的血液循环，这样能收到放松眼睛和改善眼周皮肤的双重效果。如果条件好，按摩的时候用点按摩膏，那也是不错的主意。有一个小窍门可以及时缓解您的黑眼圈：将预先置于冰箱中冷藏的眼贴膜敷贴在眼周，不仅很舒适，也能减轻水肿和黑眼圈，当然也可用类似的冷藏眼袋等敷贴在眼周，同样有一点效果。但是记住这只是缓解一下症状，对黑眼圈并没有什么实际疗效。

医学护肤品不仅仅能提供良好的保湿效果，从而缓解较轻的细纹，也会改善眼睑的表皮质地，缓解黑眼圈。维生素 K 有利于改善血液循环，止血芳酸（传明酸）具有良好的抗凝效果和祛斑效果，理论上能改善黑眼圈。维生素

D 能协同维生素 K 的作用，也能减少局部炎症反应，联合使用能起到一定的协同作用。

Q 开关激光能粉碎皮肤中的色素，而且对皮肤没有损伤，因此可以对色素性黑眼圈进行治疗。长脉冲的染料激光和 1064nm 激光对眼部血管扩张型黑眼圈具有一定的治疗效果。点阵 CO_2 和铒激光能改善皮肤松弛，但是出于安全性的考虑，不推荐在眼部使用射频治疗。

观点

最后要特别严肃地提醒您，不要在美容院接受眼周的按摩和治疗。如果您是高度近视，按摩有可能导致视网膜脱落和眼底出血。为了改善所谓的“眼周血液循环”，美容院的工作人员可能会推荐您做一些活血治疗，而这是非常危险的，一定要马上拒绝。

和痘痘有关的一场战役

美丽说

从青春期开始，一直到现在，我都已经是轻熟女了，青春都快不在了，可是让人崩溃的痘痘却一直陪伴着我。我每天洗脸很多次，都用最好的洗面奶，可就是不行，痘痘还是层出不穷。有些人说忌口可以改善痘痘，我已经很多食品都不吃了，可是痘痘还是不停地长。

专家点评

痤疮是一种常见的皮肤疾病，尤其在青春期发育时常见，俗称青春痘，是一种毛囊皮脂腺的慢性炎症性疾病，各年龄段人群均可患病，但以青少年发病率为高。

还有一些痤疮会发生在更大年龄的人群，我们把大于25岁仍出现的痤疮称为成人痤疮。成人痤疮发生的一个重要危险因素仍是遗传背景，即父亲或母亲辈有痤疮，下一代更易发生痤疮，包括成人痤疮。这类痤疮通常难以在短时间自愈，而且非常容易留下瘢痕，应该尽早治疗。

痤疮目前发病机制仍未完全清楚，但主要归因于以下几点：

✦ 皮脂腺功能亢进

青春期发病、青春期后减轻或自愈、月经前皮疹加重，这些现象都证明雄激素在痤疮的发病过程中起着举足轻重的作用；因为雄激素会使皮脂腺增大及皮脂分泌增加，一旦皮脂腺对雄激素的反应性增加的时候，就表现为功能亢进，并分泌大量的油脂，这是痤疮发病的基础。

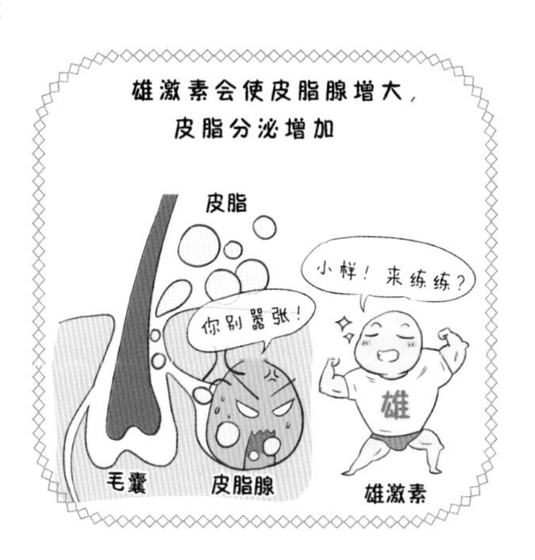

✦ 毛囊皮脂腺导管角化异常

毛囊皮脂腺导管角化过度，会导致管口变小、狭窄或堵塞，影响毛囊壁脱落的上皮细胞和皮脂的正常排除，形成粉刺。

✦ 微生物因素

皮脂在痤疮丙酸杆菌的作用下，水解甘油三酯为甘油及游离脂肪酸，刺激毛囊及毛囊周围发生非特异性炎症反应，诱导炎症介质；另外由痤疮丙酸杆菌产生的一些低分子多肽可趋化中性粒细胞，后者产生的水解酶也可使毛囊壁损伤破裂，上述各种毛囊内容物溢入真皮引起毛囊周围程度不等的深部炎症，出现从炎性丘疹到囊肿性损害的一系列临床表现。

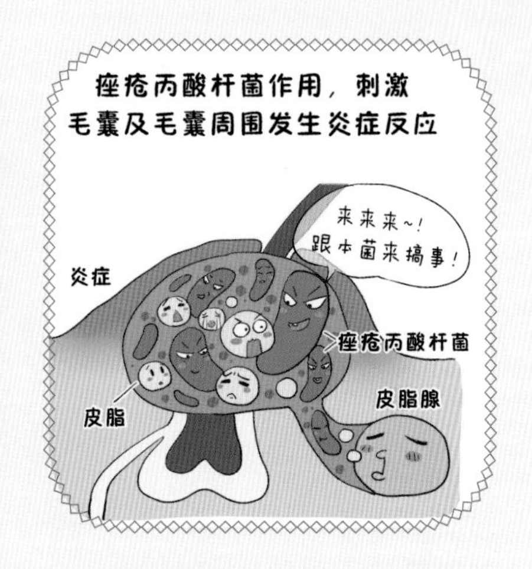

痤疮丙酸杆菌作用，刺激毛囊及毛囊周围发生炎症反应

✦ 遗传因素

痤疮的发生有一定的遗传性，如有家族聚集现象。

有遗传性，出现家族聚集现象

✦ 其他因素

饮食、生活习惯、精神紧张等因素也是不容忽视的诱发因素。比如经常使用辛辣、刺激性的食物或加入了激素的食品；工作压力大，熬夜、作息时间不规律，这些生活方式都让皮肤更加脆弱，更容易使痤疮加重。

痤疮的发病主要与雄激素 - 皮脂功能、毛囊皮脂腺开口处过度角化、痤疮丙酸杆菌增殖及炎症反应等四大主要环节相关，更深层的原因可能与遗传、免疫、神经 - 内分泌张力和功能有关。痤疮并不是由一种因素造成，也不是去除任何一种因素后，就能从根本治愈痤疮。痤疮的治疗需要针对痤疮发病的四大环节，同时辅助控制其他诱发加重的因素，才能完全治愈痤疮。

✦ 痤疮的治疗

对于炎症性的痘痘，可以外用克林霉素、红霉素等抗生素药膏。对于粉刺，不多的话可以到专业的医院挑除后外用抗生素。此外，粉刺还可以每天晚上外用含有维甲酸、阿达帕林等成分的药膏，但一般需 2 周以上才能慢慢消退。

目前的强脉冲光治疗对于改善皮肤油脂分泌、减轻痘痘复发、消退红色痘印有独特的优势。对于中重度的结节囊肿型痤疮，还可以选择光动力学治疗，但后两种治疗由于对医生的操作经验有比较高的要求，必须要到正规的医疗机构，在医生的指导下进行。

✦ 特殊类型痤疮

有一类痤疮称为高雄激素性痤疮，包括多囊卵巢综合征性痤疮、月经前加重性痤疮、迟发性或持久性痤疮。这类痤疮与血清睾酮水平增高有关，病程持续至 30~40 岁或更久，临床表现为面部油脂分泌过多、毛孔粗大，以炎症性丘疹为主，可伴有结节、囊肿、瘢痕形成，有时可伴有多毛、月经周期紊乱等。建议这类痤疮患者到正规的医疗机构查一下激素水平以及腹部彩超，排除有无多囊卵巢综合征的可能。

此外，雄激素、糖皮质激素、卤素等所致的痤疮样损害称为药物性痤疮；多种化妆品、香波、防晒剂、增白剂、发胶及摩丝等均可引起皮脂分泌导管内径狭窄、开口处机械性堵塞或毛囊口炎症，引发化妆品痤疮。这些特殊类型的痤疮并非发生在青春期，也同样需要到正规医院就诊治疗。

✦ 长了青春痘如何洁面、护肤

痤疮性皮肤一般油性较大，适当清洁有利于痤疮的控制，但是不要认为清洁就能解决痤疮得问题。相反，过度清洁会适得其反，不仅治不了痤疮，相反毛孔会越来越大，甚至敏感。大多数情况下，温水洁面即可，不宜使用太多洗面奶。

在护肤方面，痤疮性皮肤要避免过度使用护肤品。痤疮对容貌的影响常常引发人们的焦虑，这种焦虑让人会涂很多护肤品在脸上试图改善痤疮。但是这样做反而会引起各种物质在脸上的堆积，这些物质有很多可能是皮肤所不需要的，又会引起过敏反应，所以还是要在医生的指导下选择护肤品。

观点

痤疮看似简单，但是病小学问大，所涉及的发病因素错综复杂，痤疮患者在治疗时想搞清楚“病因”的想法可以理解，但是一味去研究病因，似懂非懂就很难配合医生的治疗。所以患者还是应该尊重皮肤科医生的医嘱，同时把控制饮食、调整生活习惯作为辅助治疗手段，才能获得良好的疗效。

用牙膏能治疗痘痘吗？用手挤不行吗

美丽说

痘痘虽然恼人，但是作为爱美小达人，我还是有自己对付痘痘的妙招的：如果痘痘不大，那就用牙膏涂；如果痘痘比较大，已经冒出了“头”，就用手挤出来。

专家点评

只要青春不要痘，哪有这么好的事情？靓丽的青春总会伴随痘痘的产生。事实上，青春期大多数人都会长痘痘，因为此时期不论男女，体内的雄激素水平都会增高，而雄激素可以促使皮脂腺发育、皮脂分泌增多，加上毛囊导管开口的堵塞、痤疮丙酸杆菌的作用等因素，痤疮的出现就很难避免了，只是每个人痤疮的严重程度不同而已，这与父母的遗传以及个体的差异有很大的关系。

用牙膏治疗痘痘是很不靠谱的，一来牙膏里面所含的抗菌成分不一定对痤疮丙酸杆菌有足够的抗菌活性，二来是牙膏不能溶解粉刺和疏通堵塞的毛囊皮脂腺导管开口，更没有抑制皮脂腺分泌的作用。第三，痘痘的发病绝对不是毛囊中油脂出不来堵在那里那么简单，即便牙膏具有一定的去油脂能力，但是简单疏通毛囊一方面做不到，二来也不可能有效。牙膏充其量

只是带来皮肤的清凉感觉而已。

用手挤痘痘是不好的，虽然能够把痘痘里的脂栓或脓头挤出来，感觉很快意，但因为手指（特别是指甲）往往带有很多病菌，会造成痘痘继发其他细菌感染，从而加重痤疮，尤其是在鼻根部、鼻周等“危险三角区”部位（此处有丰富的血管窦与颅脑相通）的痘痘，不当的挤压有时会使感染物质进入血液而感染颅脑，甚至危及生命，因此不要随便自己用手去挤压痘痘。最主要问题在于，用手挤常常会将毛囊挤破，这样非常容易留下瘢痕。在医院里为什么可以清痘？首先能保障无菌，第二用粉刺针能最大程度保障毛囊不被挤破，这样一来，不仅痘痘很快能好，也能避免其他问题的出现。

观点

痘痘是个很常见的问题，牙膏治疗当然没有什么道理，也不主张自己在家用手挤，除非能保障无菌操作，也能保障毛囊不被挤破。

痘印、痘痕，慢走不送

美丽说

痘痘终于消失了，可是痘印、痘痕还在。为了去掉这些顽固的家伙，我也是煞费苦心，可是一路的涂涂抹抹，效果却是差强人意。有没有什么去掉痘印、痘痕的好方法呢?

专家点评

痘痘常常会与你依依不舍，即使离开了你，也会在皮肤上留下痘印和痘痕。痘印有两种：一种是红红的印迹，一种是咖啡色的印迹。痘痕也有两种，一种是凹陷性的萎缩瘢痕，一种是鼓出皮面的疙瘩样的增生性瘢痕。

红色痘印大多数能在数月至数年后自行消退，咖啡色痘印一般也能消退，但是消退的时间可能要比红痘印时间更长，也有一些咖啡色痘印经历多年不消退的。但是痘痕不同，一般很难自行消退。

尽管痘印经过一段时间后往往会自行慢慢消退，但是咖啡色的痘印可涂抹一些有美白祛斑作用的护肤品以促进其消退，红色痘印则可做光子或染料激光，这样能加速其消退。

但涂抹护肤品对于痘痕而言没有什么明显的效果。除了以往常用的皮肤磨削术外，增生性瘢痕可以用点阵激光做磨削，凹陷性瘢痕可以用点阵激光或点阵射频、微针等手段破坏瘢痕组织并促发皮肤的损伤修复和组织重建，从而起到治疗作用。

至于皮肤有了伤口如何预防瘢痕，关键是要处理好伤口，不要让杂物存留，也不要让其继发细菌感染。激光祛除瘢痕是有效的，尤其是痤疮的瘢痕和一些外伤性瘢痕，但要掌握好时机。当然，如果属于瘢痕体质，即便是一点点外伤，甚至是毛囊炎也会留下明显的增生性瘢痕者，单独的激光治疗效果并不理想。

观点

痘痘建议要积极治疗，防止遗留影响美观的痘印、痘痕。另外，所遗留下来的这些问题，随着时间的推移部分会自行消退，这与皮肤类型有关。痘印是可以完全消退的，激光与光子治疗非常有效，但是痘痕消退的难度要大一些，激光和光子治疗能在一定程度上改善外观，外涂产品或者使用瘢痕膏一般没有什么实际帮助。

满脸油光好烦人，拯救油光刻不容缓

美丽说

我想要光彩照人，一不留神却变成了油光照人。油性皮肤的人往往皮脂分泌过多，不仅容易长痘，还会影响妆容，容易脱妆，说起来简直是一般辛酸泪。

专家点评

油性皮肤的人往往毛孔粗大、皮脂分泌旺盛、面泛油光。皮脂分泌多了就容易长痘，正所谓“无油就无痘”，还会使皮肤容易出现暗沉，并且会影响化妆，容易脱妆，因此拯救油光刻不容缓。如何拯救油光?

对于油性皮肤的人来说，多吃蔬菜、水果一类的食品，补充B族维生素可能有些帮助。也有人认为进食富含胡萝卜素和维生素A的食品有利于机体的油脂分泌平衡，是否如此，相关研究比较少，无法证实。

尽管一些洁面产品声称具有控油能力，但是这些宣传并不一定靠谱。适当使用洗面乳有助于清洁皮肤表面的污垢，但是不能迷信这些产品而过度清洁。过度清洁会将皮肤表面的水脂膜破坏，刺激皮脂腺分泌更多的油脂来对抗清洁，相反会导致毛孔粗大，也会导致皮肤外干内湿的矛盾状态，或者导致混合型皮肤状态（T区偏油，两颊偏干）。

有些时候（例如旅途中，或者熬夜）面部会突然出很多油，此时可以试着用一贴保湿面膜（最好是冰箱里冷藏的冷面膜），面膜具有清洁作用，能通过快速补水安抚皮肤，从而迅速达到控油的目的。此时不建议用太多的洁面产品，因为洁面本身会刺激皮脂腺再次分泌油脂。

较严重的出油可能需要去看皮肤科医生，可使用一些具有抗皮脂分泌、拮抗雄激素作用的药物，如螺内酯、口

服避孕药、雌激素等，更严重者可以口服异维 A 酸控制皮脂的分泌。当然，这些治疗都要在皮肤科医生的指导下正确使用才行。另外，点阵激光和点阵射频等治疗也可以破坏部分皮脂腺，从而减少皮脂的分泌及缩小毛孔，局部注射肉毒素（水光注射）也是一个很好的控油美容的方法。

观点

合理安排饮食可能对控油有一定帮助，适当清洁有助于皮肤的保健，但是过度清洁可能适得其反。一些药物和激光治疗虽然有效，但必须在皮肤科医生的指导下合理使用。

“黑头”“白头”是怎么回事

美丽说

有时候，面部就会长很多“黑头”和“白头”，尤其是在鼻子的部分，看上去脏脏的，实在影响美观。“黑头”“白头”是怎么回事，有没有什么办法能彻底解决掉它们呢?

专家点评

正常皮肤有一种结构叫做毛囊皮脂单位，也就是我们看到的毛孔。这是一个维持皮肤正常生态环境的重要结构。我们的皮肤，个体间其实还是有很大区别的，一些人皮肤偏油，一些人皮肤偏干。对于那些皮肤偏油的人来说，毛孔显得要粗大一些。

“黑头”和“白头”都是痤疮（也就是痘痘）的一个临床表现。当毛孔内的一些皮脂堆积物多到我们肉眼能看到的时候，就是所谓的“白头”。当这些“白头”表面呈开放状态时，堆积的皮脂就会被氧化成“黑头”。因此“黑头”也常被称为开口粉刺，“白头”被称为闭口粉刺。

从发病机制上来讲，毛囊皮脂腺分泌量大，来不及排出就会堆积在毛囊口，形成“白头”或者“黑头”。但是实际上发病机制往往更为复杂。虽然清洁（或者深度清洁）好像能解决这些皮脂的堆积问题，似乎能解决“黑头”“白头”，但是毛囊其实并非一根没有活性的“试管”，在上述基本问题没有被解决之前，即便能彻底清洁疏通毛孔，由于毛孔内会有源源不断的皮脂重新分泌出来，还是会让“白头”“黑头”层出不穷，这种做法无异于扬汤止沸。

观点

“黑头”和“白头”的治疗比较简单，可以外用维A酸等产品缓解，也可以联合控油性治疗来增加疗效，单纯的挤出来或者深度清洁不能解决根本问题。

怎么才能去掉面部色斑

美丽说

“夏天晒多了，秋天就会长斑”“年轻时候整个脸都是白白的，过了30岁，脸上也开始长斑了”“怀孕生孩子之后两颊就出现了色斑”“只要休息不好或者情绪不好的时候，脸上的色斑就加重”。斑，斑，斑！面部的色斑到底要这样才能去掉呢?

专家点评

“面部色斑怎么才能去掉”，想要回答这个问题，首先需要了解什么是色斑。色斑是指局部性的皮肤色素增加（除色素痣和恶性肿瘤以外）。色斑的严重程度就是面部皮肤色泽浓淡不一的程度。所以色斑治疗的最终目的是使整个面部肤色看起来协调一致。

不同类型的色斑有不同的形成机制，包括日晒、内分泌失调、精神压力、疾病、劣质护肤品、遗传等。但是，每一种色斑，日晒都会使其加重，因此所有色斑的防治都必须遵守的最重要的一条原则就是——防晒！

从作用机制上看，因为皮肤的基底层含有大量的黑色素细胞，当阳光中的紫外线照射后，黑色素细胞内的酪氨酸酶会被激活，进而刺激黑色素细胞增生或者分泌许多黑色素颗粒，导致黑色素颗粒大量堆积，如果代谢不良或排泄不畅，就会堆积形成色斑及造成肤色不均。因此紫外线是导致皮肤色斑的罪魁祸首，可以通过物理或化学的方法防晒，减少紫外线对皮肤细胞的刺激，减少黑色素的形成，从而减少色斑。

举例来讲，常常被提到的晒斑，就是一种典型的紫外线皮肤反应。正常皮肤经暴晒后产生一种急性炎症反应，初期表现为暴露皮肤出现红斑、水肿，甚至水疱，伴灼热、疼痛感。消退后留色素沉着、脱屑。老百姓所谓的“晒后黑斑”多是指这种色素沉着。因此晒斑的防治原则就是防晒！

根据面部皮肤色调不均的不同程度和不同类型，色斑分为雀斑、黄褐斑、颧部褐青色痣、炎症性色素沉着等类型。

✦ 雀斑

雀斑一般在学龄期开始出现，女性多见，到青春期症状明显。表现为 3~5 毫米边缘不规则的褐色斑点，边界清楚，散在或群集地对称分布在两颊、鼻根部、眼睑，甚至广泛分布于全面部，孤立不融合。多见于肤色较白皙、肤质较干燥的人，有家族性。日晒和妊娠时雀斑可加重。

市面上销售的美白祛斑产品主要以抑制黑色素形成、减少色斑产生为主，对于雀斑的效果甚微。冷冻治疗可能引起色素减退或色素沉着，化学剥脱相对痛苦，同时对表

皮损伤较大，故不推荐。对于雀斑，可以采用激光治疗，目前认为强脉冲光最佳的适应证就是雀斑，治疗后的雀斑产生薄痂皮，1 周左右痂皮脱落、雀斑消退。

✦ 黄褐斑

黄褐斑是以颧骨部为中心的颜面部皮肤出现的界限不清、外形不定的淡褐色色斑，多数情况下是左右对称的，有时候也可以出现在前额、口唇、下颌等部位。一般以 20~40 岁女性多见。目前认为黄褐斑可能与妊娠、口服避孕药、内分泌、药物、化妆品、遗传、微量元素、肝脏疾病及紫外线等有关。也有专家认为黄褐斑的本质是由于面部皮肤屏障作用被破坏而引起的慢性过度刺激性炎症性色素沉着。

黄褐斑的治疗应以修复被破坏的屏障作用以及去除物理性的慢性过度刺激状态为主。这也就解释了为什么以往人们常用的对症治疗，例如功能性化妆品、激光、化学剥脱等治疗手段，一旦作用稍强，也一样会导致黄褐斑症状加重。

在现有的治疗手段中，药物仍是首选，如氢醌、熊果苷、氨甲环酸等都有明确的改善黄褐斑的作用。激光以及化学剥脱等方法常被用来治疗难治型黄褐斑。不管哪种方法都需要在专业医生的指导下进行。

✦ 颧部褐青色痣

颧部褐青色痣大多数 20 岁以后开始出现，好发于颧骨部、下眼睑、鼻根鼻翼部、颞部、前额外侧，是块状小斑或弥漫性对称的灰褐色色斑。颧部褐青色痣主要病变在

真皮层内，表皮基本上没有累及，故针对表皮的一些治疗，如外用祛斑霜等肯定是没有效果的。以往只能采用冷冻的方法，现在常用激光治疗，同时可以联合氨甲环酸口服。

✦ 炎症性色素沉着

皮肤的急性或者慢性炎症后发生的色素沉着称为炎症性色素沉着。色素沉着一般局限于皮肤炎症部位，呈淡褐色、紫褐色至深黑色。色素沉着常在皮炎时较快发生，炎症消失后色素也缓慢消退，历时数周至数月，也有持续数年不退者。

理论上，炎症性色素沉着即使不进行治疗，大部分也会自然消退，只是消退时间有长有短，一般来说面部需要3~6 个月。大多数的治疗以防晒、减少局部刺激为主，也可以局部外用氢醌霜、维 A 酸霜、对苯二酚，口服氨甲环酸或者适当的激光或者光子治疗。

值得注意的是，对于同一种色斑，对某些患者有效果的治疗方法，可能对其他患者无效甚至加重。

✦ 该如何选择祛斑的方法

美白食物：关于网络上流传的食物祛斑方法，也就是所谓的“美白食物”，主要是利用食物中的维生素成分来抑制皮肤内酪氨酸酶的活性，以减少黑色素的形成，从而使皮肤白嫩，让色斑消退。

常见的美白食物有黄瓜、西红柿、柠檬、白萝卜、燕窝、燕麦、葡萄等。在生活中，多吃这一类食物很好，但想通过食物来达到美白祛斑的目的，缺点是见效太缓慢。也就是说，此方法只能达到一定的预防作用，祛斑的作用微乎其微了，需要“水滴石穿”的精神，且不一定真的有效。

护肤品、面膜：普通的护肤品很难达到美白祛斑的作用，很多护肤品都标榜着美白祛斑的作用，朋友圈和淘宝更是把它们的祛斑产品吹得天花乱坠，美容会所更是把所售产品的美白祛斑的能力说得像魔法一样神奇，让人分分钟掏出钱包，感觉变白变美指日可待。但当你憧憬着一切变得更好的时候，蓦然回首才发现自己在“白白嫩嫩”的皮肤道路上越走越远。为什么呢？因为这些产品为了追求快速的美白效果，往往添加了化妆品中违禁的成分。

医学护肤品及药物：很多药物都具有美白祛斑的作用，具有代表性的外用药物有氢醌、熊果苷、左旋维生素 C、维生素 E、维 A 酸、烟酰胺、传明酸、果酸等。

一些医学护肤品中往往含有上述高浓度成分。但是这些药物和医学护肤品都不能像我们日常使用的护肤品一样随便购买使用，应该在医生的指导下使用，能达到一定的美白祛斑作用，但是它的缺点仍然是显效慢，效果不及激光治疗。

激光或者光子祛斑：效果快、疗效好且安全性高。毫无疑问，这项技术是目前治疗色素性疾病的首选治疗方案，能在击碎色素颗粒的同时又不损伤正常皮肤。

激光或者光子治疗对于大多数的色素性疾病都能取得很好甚至是根除的效果，当然也有一小部分疗效欠佳，例如咖啡斑和黄褐斑的治疗。

观点

色素斑种类繁多，不同色斑治疗方法相去甚远，因此不要简单理解为用用祛斑产品就可以。应该去咨询皮肤科医生，对症治疗。就疗效而言，大多数色斑通过激光、外用药物或者医学护肤品的综合治疗能够获得较好效果。

如何避开祛斑产品那些坑

美丽说

很多朋友推荐给我了一些祛斑产品，听说效果非常明显，几天就可以让皮肤恢复白皙水嫩，简直让人心向往之。如果能通过一涂一抹就去掉色斑当然是极好的。可是，祛斑产品太多，让我眼花缭乱，究竟应该怎么选择呢？

专家点评

很多护肤品都标榜着美白祛斑的作用，销售商更是把它们的祛斑产品吹嘘得“天花乱坠”，让人分分钟交出钱包，感觉变白变美指日可待。

但当你在憧憬着一切变得更好的时候，蓦然回首才发现自己在“白白嫩嫩”的皮肤道路上越走越远。为什么呢？因为销售商为了追求快速的美白效果，往往在祛斑产品中添加了违禁品。

✦ 糖皮质激素

摄入“糖皮质激素”的肌肤就像被注入兴奋剂一样，能让皮肤迅速达到 18 岁的最佳状态，但这种圆润、饱满、细腻、白嫩都是暂时的，犹如“过眼云烟”。而且，一旦停止使用很快就会令皮肤问题“卷土重来”，而且卷回来的岂止是“土”，简直就是“沙尘暴”，让你的皮肤出现更加严重的问题——敏感、毛细血管扩张、潮红、瘙痒、老化、萎缩等。

✦ 重金属

在祛斑产品中比较常见的重金属是汞，加汞的化妆品具有短期内快速祛斑、增色美白等功效，但时隔不久，重金属就会丧失活性而解除对黑色素的抑制，从而造成色斑反弹和大量色素沉积。一旦停用，还会导致突发性痤疮、色斑颜色变黑等问题，甚至造成终身性皮肤伤害。

✦ 荧光剂

荧光剂用在皮肤上会发出淡蓝色的光，正好抵消皮肤的暗黄色，还微透光，使得皮肤看起来清透白皙。前段时间一位毒面膜的受害者出现在公众视线也引起了大家的广泛关注，你还敢乱用吗?

一些美容会所会使用药物点涂、火针、液氮冷冻的方法祛斑。这些方法与操作者的经验有很大的关系，因此安全性难以把控，经常会出现色素沉着，甚至遗留瘢痕。

✦ 如何祛斑更安全有效

皮肤科常见的色斑有几十种，这些都是真正意义上的皮肤病，很多色斑治疗还相当困难，不是美白类化妆品能解决的问题，面膜更无法解决这类问题。

想要祛斑，首先应该确定色斑是哪一种类型，如果是雀斑，建议用激光祛除，祛除后注意防晒，但雀斑还是会复发；如果是老年斑、脂溢性角化，建议行激光等方法完全祛除；如果是颧部褐青色痣，那么用祛斑的化妆品也无效；如果是黄褐斑、色素沉着斑、日晒斑，可以用一些功能性化妆品，同时需要配合其他治疗。

其次需要明确各种美白祛斑产品的主要成分及功能。根据不同的作用机制，美白祛斑产品中的美白活性物质可分为以下几类：

酪氨酸酶活性抑制剂	如氢醌、熊果苷、曲酸、甲基龙胆酸盐、壬二酸、葡萄糖胺等
黑色素细胞毒性剂	如四异棕搁酸酯、油溶性甘草提取物、氢醌等
影响黑色素代射剂	如维A酸、亚油酸等
遮光剂（防晒剂）	如对氨基苯甲酸酪类、肉桂酸酯类等
还原剂	如维生素C、维生素E及其衍生物等
化学剥脱剂	如果酸、亚油酸、亚麻酸等

促黑色素细胞激素与皮肤色素生成关系密切。垂体促黑色素细胞激素与黑色素细胞膜上的受体结合，能增强酪氨酸酶活性，促使黑色素生成增加，有利于黑色素小体转运到角质形成细胞中去。

在一般情况下，肾上腺皮质激素（糖皮质激素）可以抑制垂体促黑色素细胞激素的分泌，因此使用糖皮质激素早期有一定的祛斑作用，使皮肤暂时变白。但当黑色素分泌受到抑制时，反过来又可以刺激垂体促黑色素细胞激素的分泌，促使黑色素细胞产生黑色素。所以，长时间使用糖皮质激素反而会使皮肤变黑。

各种美白祛斑化妆品的成分和功能各不相同。市面上有些化妆品虽然标有“美白祛斑”字样，但其实并没有真正的有效成分；还有一些“美白”产品所含成分不同，起到的作用及治疗的色斑类型各有不同，使用方法及注意事项也就不同。例如，氢醌、熊果苷等酪氨酸酶抑制剂可以淡化色斑；维 A 酸类及化学剥脱剂影响色素代谢，同时对皮肤有轻度刺激，应该适量应用；维生素 C 易受热、光和氧的破坏，应当在晚上使用等。

观点

色斑的产生不是一朝一夕的事，要想祛斑，自然也不能指望短期见效。对于那些宣称“快速”“立竿见影”的祛斑产品，还是要谨慎选择。市面上的护肤品主要作用为保湿，尽管它们宣称对色斑具有一定疗效，但事实上并非如此。祛斑类的医学护肤品含有一定的祛斑成分，长期使用对某些色斑的确具有一定的淡化作用，但这类产品只在医院或诊所内销售，需要在医生的指导下长期使用才有效果。

皮肤敏感不是病，敏感起来真要命

美丽说

我的皮肤又干燥又敏感，春秋两季总过敏。外用化妆品也常常过敏，脸上不是红就是起疹，还痒！简直烦死我了。可是医生好像也没有办法，总是给我外用一点激素药膏，可是治标不治本啊，我怎么办啊?

专家点评

敏感性皮肤多见于过敏体质者，此种类型的皮肤对于内外各种刺激较为敏感，在受到刺激后，皮肤可以出现红斑、丘疹、水疱，常伴有瘙痒、肿胀、脱屑或者渗出等表现。

□ 肌肤干燥、缺水

□ 肌肤容易发痒、泛红

□ 肌肤的角质层较薄，会看到毛细血管扩张

□ 肌肤时常处于紧绷状态

□ 使用护肤品、接触清洁剂、戴金属饰品、穿含化纤成分的衣物易出现过敏现象

如果以上情况您出现了两种以上，那么您就有可能是敏感性皮肤。

皮肤敏感是一种治疗有难度的皮肤病，需要在专业的医生指导下，长期治疗和养护才能获得一定疗效。且不可在没有任何医疗资质的美容院做任何形式的治疗，所谓的“排毒”以及“清宿便”，都没有科学依据。

敏感性皮肤，在日常生活中的防护保养是关键。春季，是皮肤敏感问题的多发期。春季气候比较干燥，空气湿度较低，加之花粉、风沙、尘螨等致敏原的侵扰，容易导致皮肤过敏。秋季也较干燥，风沙较大，使皮肤干燥缺水，同时阳光中紫外线含量很高，所以秋季补水保湿的同时应注意防晒，以减少过敏的发生。

在各种皮肤过敏中，因化妆品导致的过敏占有很大一部分，很多女性过度期望化妆品的功效，使用了具有美白、祛痘、祛斑、防皱等功能性化妆品，这些化妆品中的某些物质具有刺激性，常导致面部皮肤敏感。还有些女性甚至使用了一些含有糖皮质激素、果酸、水杨酸、维生素A等产品，导致角质层变薄，皮肤屏障功能被破坏，皮肤变得更加敏感。

皮肤敏感的人应避免使用含磨砂成分或者果酸成分的物质去角质，这样不利于保护皮肤的皮脂膜。也不要用太冷或者太热的水洗脸，极冷极热的突然转换容易导致毛细血管在反复扩张收缩中皮肤会逐渐失去弹性，使面部毛细血管扩张加重，加重过敏症状。皮肤敏感的人宜使用温和的弱酸性洁面产品，最好用温水洗脸。加强肌肤保湿，巩固皮肤的“砖墙”结构，加强皮肤的屏障功能，有利于抵抗致敏物质的攻击，增强皮肤的抵抗力，减少过敏的发生。可以多用一些具有补水保湿功效的化妆品，还应定期做保湿面膜。有些医院开展了水光注射、透明质酸导入等，都可以起到充分补水的作用。

一些医用化妆品，例如含有透明质酸的修复面膜，具有舒敏功能的柔肤水及乳液都有很好的舒敏、补水、滋养皮肤的效果，有利于皮肤屏障功能的修复，提高皮肤的抵抗力。

饮食上，应该注意饮食的均衡摄取，多吃水果、蔬菜，少吃油腻、甜食及辛辣刺激性食物。某些食物也是致敏原，要注意加以辨别。

观点

敏感性皮肤重在保养。在日常生活中应减少季节、风沙、日晒、化妆品、外用药物等各种理化因素的刺激，温和洁面，加强补水及保湿，化妆品宜选择舒敏的医学护肤品，增强皮肤的抵抗力和防御能力，必要时应及时就医针对性地抗过敏治疗。当过敏比较严重时，要到医院皮肤科就诊，在医生的指导下使用一些抗组胺类、抗炎类、免疫调节类药物治疗。适当使用低能量的强脉冲光、LED 光，或激光等可使真皮中的胶原增加，抑制炎症反应，增加表皮厚度，起到修复敏感皮肤的作用。

过敏严重时应及时就诊，
在医生的指导下进行治疗

让人烦恼让人愁的面部皮炎

美丽说

最近皮肤总是红红痒痒的，有人说我是面部皮炎，又有人说我是脂溢性皮炎，还有人说我是过敏性皮炎，我该信谁啊?

专家点评

面部皮炎确实令人烦恼，除了激素依赖性皮炎，常见的还有脂溢性皮炎、接触性皮炎等。

脂溢性皮炎是发生于头皮、颜面等皮脂分泌旺盛区域的慢性炎症性皮肤病，表现为暗红色或黄红色的斑片，上面覆盖油腻的鳞屑或痂皮，一般认为是雄激素依赖性皮肤疾病，但不要误认为是雄激素分泌过多。

接触性皮炎分为刺激性接触性皮炎和变应性接触性皮炎（即大家常说的过敏性皮炎）两种，前者是由于接触一些刺激性物质（如果酸、水杨酸、维甲酸等）引起，表现为在接触这些刺激物后的短时间内（即刻至 2 小时不等，主要看刺激物的刺激强度），在接触部位出现红斑、丘疹、灼痛、瘙痒等不适，严重者出现水疱、糜烂；后者是具有过敏体质的人接触了相应的过敏原（如护肤品中的防腐剂、香料等）所致，表现与前者相似，但出现症状的时间较长，初次接触者一般在 7~8 天后出现症状，再次接触者则多在 2~3 天后出现症状。

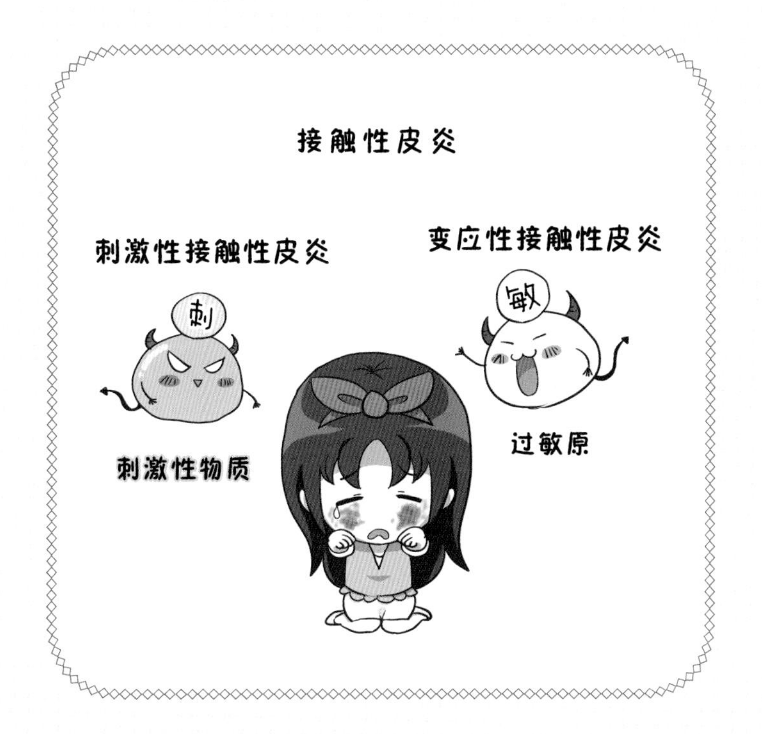

脂溢性皮炎、接触性皮炎等面部皮炎都是可以治疗的，到正规医院的皮肤科就诊，皮肤科医生都会对上述皮炎进行妥善处理。

有些患者会有这样的经历，自己的皮肤问题，一位医生诊断为一种皮肤炎症并进行了对症处理，治疗了一段时间，换了一位医生，诊断却从之前的疾病变成了另外一种。这是怎么回事，是之前的医生误诊了吗?

实际情况是，面部皮炎往往会同时存在并且相互影响，虽然医生在治疗中会兼顾各类问题，但是在诊断时可能更多地考虑当时的主要问题来作出判断的。不同的问题在经历了不同的治疗后，可能时重时轻，一些问题缓解了，那么另一些问题就可能从之前的次要矛盾上升为主要矛盾，因此在接下来的诊治过程中医生的诊断也就有可能进行调整。

观点

面部皮炎种类很多，大多比较顽固，治疗比较困难，但是只要配合医生治疗并且有足够耐心，一般都能取得良好的治疗效果。

激素依赖性皮炎是什么情况

美丽说

许多爱美女性，为了去除脸上的斑斑点点，经常使用一些美容院推荐或者“别人”推荐的“偏方”产品。起初效果非常好，在很短的时间内，色斑就变淡甚至消退了，皮肤也恢复了往日的白嫩状态，但是停止使用这些产品后色斑就会再次出现，皮肤也会暗淡无光，这是怎么回事呢?

专家点评

一些美容院的美容产品，和所谓的美白“偏方”，其实有许多都是不合格的“三无”产品。这些产品的美白“秘密”，很可能是在其中添加了糖皮质激素。糖皮质激素是皮肤科常用的外用药物，具有很强的抗炎、抗过敏和止痒作用，外用也有很好的抑制色素斑的作用。但是如果长期大量使用糖皮质激素，会出现很多副作用，包括皮肤变薄、潮红伴毛细血管扩张、色素沉着、皮肤粗糙老化、萎缩以及毳毛增粗、变长等。患者会出现瘙痒，皮肤紧绷感、烧灼感明显，皮肤干燥、脱屑，怕风吹，风吹后疼痛等症状。

临床上，将长期外用含糖皮质激素制剂，一旦停药导致原有皮肤病复发、加重，迫使患者不能中断使用糖皮质激素的情况，称为激素依赖性皮炎。

很多患者不明白为什么自己尝试了很多方法，激素依赖性皮炎依旧没有被治好，不仅如此，还出现了越治越重的现象。其实，激素依赖性皮炎不是治不好，而是大多数患者进入了治疗误区，才导致了上述情况的发生。

✦ 误区 1：误信偏方，导致症状越来越重。

许多患者抱着“偏方治大病”的心态，将治愈疾病的希望压在了偏方上。偏方一般是口耳相传，既没有专家的认可，也没有临床数据作为支撑，存在很大的危险性，不但治不好已经存在的疾病，还可能引起无法预知的并发症，因此偏方并不安全，不建议患者使用依靠偏方来治疗疾病。

✦ 误区 2：速效产品，一时缓解终生反复。

激素依赖性皮炎发生在脸上，而且又痛又痒非常难受。为了能尽快减轻痛苦，很多患者使用了可以快速让皮肤变好的速效产品。这些产品在最开始使用时效果会非常明显，但到了治疗后期，有的会让病情停止不前，有的则会加重病情。原因是这些速效产品中含有更强效的激素物质，患者从弱效激素用到了中效激素，最后用到强效激素，只会让激素依赖性皮炎越治越重。

✦ **误区3：等待自愈，越等越重康复无望。**

偏方不敢用，快速性产品使用又有危险，很多患者只能将希望寄托在自愈上。在所有自愈的方法中，“裸脸”是患者尝试最多的。激素依赖性皮炎患者皮肤屏障功能受到破坏，“裸脸”不能排除皮肤中的有害物质，不但不会康复，甚至有加重病情的可能。

误区三
等待自愈，越等越重康复无望

由于本病容易反复，治疗疗程较长，难度较大。长期外用糖皮质激素导致皮肤变薄，皮肤屏障功能被破坏，皮肤对外界各种理化刺激的敏感性增高，每遇日晒、风吹、炎热及进食刺激性食物后症状都会加重，常引起患者烦躁、焦虑等悲观情绪。

✦ 得了激素依赖性皮炎，应该怎么办

首先，要树立治疗的信心。激素依赖性皮炎虽然难治疗，但也是可以治愈的，患者应积极配合治疗，增强信心。

其次，应该加强皮肤的日常护理。由于皮肤屏障功能被破坏，皮肤敏感性增高，应配合使用能恢复皮肤屏障功能的舒敏、保湿类医学护肤品，以降低皮肤敏感性。同时，患者应尽量避免食用辛辣、刺激食物及饮酒，多食蔬菜、

水果等富含维生素的食物。

最重要的是，配合医生进行系统治疗。在外用药物方面，可以进行糖皮质激素递减疗法，由强效激素减到弱效，由高浓度减到低浓度，同时逐渐减少用药次数。也可以进行糖皮质激素替代治疗，用钙调磷酸酶抑制剂、非甾体类制剂等替代糖皮质激素。在进行外用药物治疗的同时，可以给予抗过敏、抗炎症治疗，也可以配合进行强脉冲光、红光等进行综合治疗，急性期还可以采用冷喷、冷敷等治疗以缓解不适。

观点

面部激素依赖性皮炎属于激素应用不当所致，应避免滥用和误用是预防激素依赖性皮炎发生的关键。首先，面部不要随便使用不明成分的外用制剂；其次，谨慎选择美容院推荐或者朋友推荐的宣称能够快速祛斑美白的产品。

胎记，是出生就有，还是后来产生

美丽说

很多人对于胎记的印象，就是从娘胎里带出来的，出生后出现的都不能算是胎记，而且胎记就是个记号而已，不是什么皮肤病，无须特别处理，甚至有一种危言耸听的说法，说是不能随便去除胎记，否则会有损健康。

专家点评

胎记并非为一个医学概念，而是民间对一类皮肤病的统称，它们的共同特点是：大多是在出生时或者出生后不久发生，表现为皮肤上红色、咖啡色或青色斑记，故而老百姓常常将其称为胎记。

通过以上文字可以清晰地归纳出，胎记不一定出生就有，有些很晚才发生，它本身是很多皮肤疾病的俗称，也就是说胎记本质上是皮肤疾病，大多数胎记能够很好地去除，而且不留瘢痕，去掉后也不会影响整体的身体发育。

“胎记”一般可分为色素型及血管型，常见的色素型包括太田痣、先天性色素痣、咖啡斑等；血管型则包括鲜红斑痣、草莓状血管瘤等。

✦ 鲜红斑痣

又称毛细血管扩张痣、葡萄酒样痣，为先天性毛细血管畸形，表现为一个或数个淡红色斑片，边缘不整，不高出于皮面，按压易退色，可见毛细血管扩张。常在出生时或出生后不久出现，多出现在面、颈和头皮等部位，大多为单侧，可随人体长大而增大。约 1/3 的新生儿都会出现枕部中位的这种“胎记”，随着孩子不断长大，往往能自行消退。累及一侧且较大或广泛的病损常终身持续存在，可随着年龄的增长逐渐增厚隆起或形成结节。

✦ 草莓状血管瘤（毛细血管瘤）

这种胎记好发于头颈部，多为鲜红色或紫色，高出于皮肤表面，形似草莓状的柔软肿块，边界清楚，按压不易退色。草莓状血管瘤通常不在出生时而在出生后数周内出现，数月内增大，生长迅速，大多数在 1 岁内长到最大。大部分草莓状血管瘤不会完全消退，对健康没有影响。少数病例往往在其下方合并海绵状血管瘤。

✦ 海绵状血管瘤

海绵状血管瘤就像充满了血的浅蓝色海绵组织，是一种大而不规则、柔软的皮肤肿块，呈圆形或不规则形，可高出皮肤表面，呈结节状或分叶状，边界不太清楚，常伴有草莓状血管瘤。在出生时或出生后不久出现，可发生在身体各部位，通常出现在头部或颈部的皮下，如果长得比较深，上面覆盖的皮肤看起来无异样。海绵状血管瘤有持续存在和不断增大的倾向，可能影响或压迫到重要器官，但有些也可自然消退。

✦ 太田痣

本病因太田首先描述并报道而得名，这种胎记约 50% 是先天的，其余出现在 10 岁之后，偶有晚发或在妊娠时出现。它常发生于颜面一侧的上下眼睑、颧部及颞部，偶然发生于颜面两侧。颜色可为褐色、青灰色、蓝色、黑色或紫色，一般褐色色素沉着呈斑状，或呈网状，而蓝色色素沉着较为弥漫，浅褐色及深蓝色这两种颜色最常见于眼部，约有 2/3 的患者同侧巩膜蓝染。这种胎记一般不会自行消退，对健康无影响，但影响美观，可行 Q 开关 Nd:YAG 激光治疗。

✦ 蒙古斑

这种胎记多为淡蓝色，看上去像是一片淤青，平坦、光滑，一出生就有，常见于臀部或腰部，在黄色人种中很常见。蒙古斑是由于黑色素细胞在胚胎时期向表皮移入时未能穿过真皮与表皮的交界，停留在真皮，延迟消失所致。由于黑色素颗粒位于真皮之下较深处，故从表皮上看为蓝颜色。蒙古斑在出生后几年可自然消退，不留痕迹。

✦ 咖啡斑

咖啡斑的颜色就像是咖啡里加了牛奶，呈棕褐色。这种胎记常从幼儿期开始，多为椭圆形，边缘规则，多出现在躯干、臀部和腿部。随着年龄增长而逐渐变大、颜色变深，数目增多，一般不会带来健康问题。如果同时出现好几个比硬币还大的咖啡斑，很可能与神经纤维瘤有关。

✦ 先天性色素痣

先天性色素痣的形状不规整，表现为深褐色斑块，稍隆起，表面不规则，有小乳头状突起，小的直径约为几厘米，大的则可侵犯整个背部、颈部或整个肢体，界限清楚。

出生时即发生的色素痣和晚发的不同，前者通常较广泛，有恶变的倾向。为了预防恶变，应该尽可能完全切除巨大色素痣，如手术切除有困难，应定期随访。

✦ 皮脂腺痣

皮脂腺痣往往在出生不久或出生时即发生，最常见于头皮及面部，多为单个损害。在儿童时期表现为局限性表面无毛的斑块，稍隆起，表面光滑，有蜡样光泽，呈淡黄色。在青春期，因皮脂腺发育最显著，因此皮脂腺痣呈结节状、分瓣状或疣状。老年患者的皮损多呈疣状，质地坚实，并呈棕褐色，皮脂腺呈肿瘤样增生，约 10%~40% 的患者在本病的基础上并发上皮瘤。此外，极少数病例同时还具有神经皮肤综合征的表现，即智力迟钝、抽搐、眼发育异常等神经方面的缺陷，或伴有骨骼的畸形。

新生儿的胎记发生率约为 10%，可以说是非常普遍的，部分胎记可以自行消退，无须治疗；部分胎记并不能自行消退，但只是影响美观，可行激光等方法美容去除。但是有些胎记会合并身体器官的异常，甚至有恶变的可能，必须积极治疗。例如有些海绵状血管瘤增生过快，会造成肢体残缺、功能障碍，甚至血管瘤扩张速度太快时会形成组织坏死，过度消耗血小板而使凝血功能降低，导致出血不止。有些长了毛的兽皮样黑痣，日后甚至可能发生癌变。

观点

胎记并不是一个医学概念，而是几种先天性皮肤疾病的俗称，有的出生时即有；有的出生后才逐渐出现；有的可自行消退无需治疗；有的影响美观可美容去除；有的会合并其他疾病或癌变而需及时治疗。如果长了胎记，可以请皮肤科医生对其进行鉴别，如果需要治疗，也一定要在医生的指导下进行。

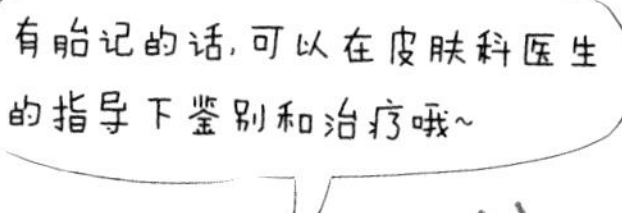

美人的烦恼——美人痣

美丽说

曾经有部很火的电影，男主角被最终诊断为恶性黑色素瘤，男主角在剧中有句“经典”台词：“有痦子一定赶紧把它点了！”唤起了众多人因为对恶性黑色素瘤的恐惧而谈痣色变，甚至引发“点”痣热潮。

专家点评

我们大多数人身上都会有痣，大多数痣是良性的，罕有癌变，无须紧张。但是考虑到长期而反复的不良刺激有可能刺激色素痣，从而增加其恶变的风险，因此，对于那些处于摩擦部位的黑痣，应当避免摩擦掐捏或用物理、化学的方法刺激它。

黑痣究竟是怎么就恶变了？原因尚不十分清楚，也充满争议。总体来说，黑痣的恶变与其所携带的基因有关，这是主要的，与外周的刺激即便相关，那也不是主要因素。另外有一点应当肯定，黑痣恶变的机会非常小，所以大可不必“杯弓蛇影”。由于各类关于黑痣恶变的宣传很多，目前社会上对黑痣恶变的担忧演变成恐惧，这是完全没有必要的。

出现如下危险信号，有可能预示着黑痣恶变，应该及时去医院咨询皮肤科医生：

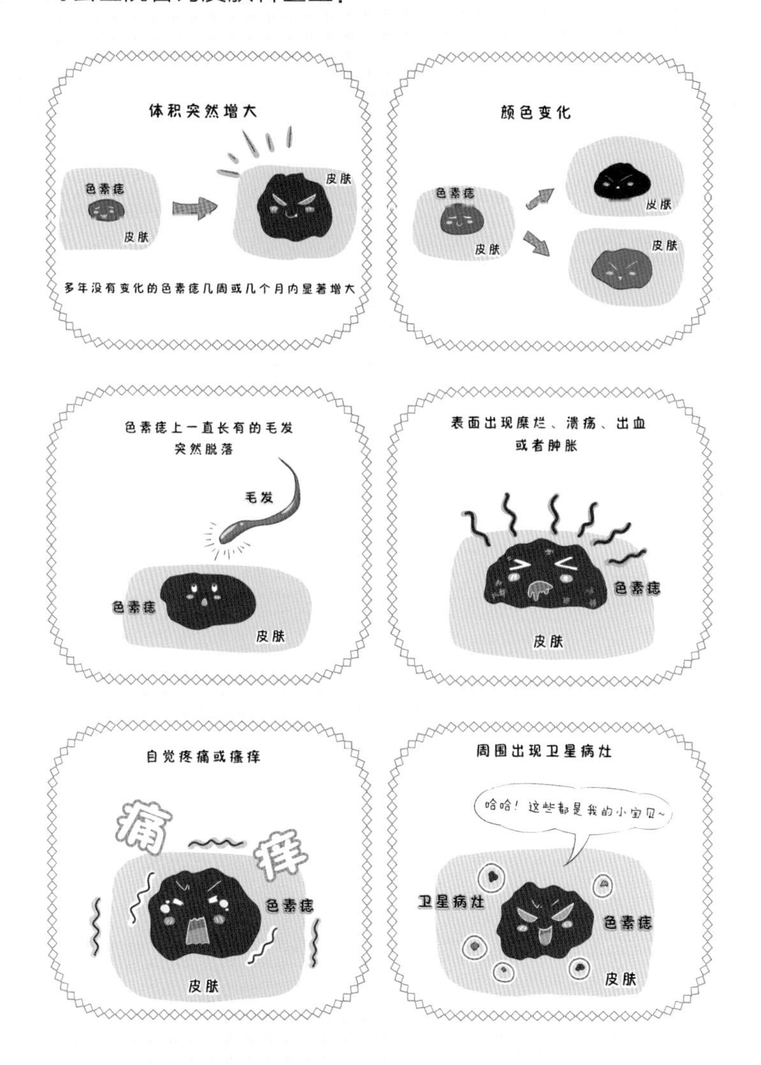

若要除痣，提倡“除痣务净”原则，无论是出于个人喜好还是健康原因，首先切记要先找皮肤科医生，万万不可找非专业人员或去美容院采用药水、电灼等方法点痣，往往点痣不仅“不干净”，还会刺激黑色素细胞恶性增生，留下了癌变的可能。对于直径大于 0.5 厘米的痣、摩擦部位的痣，应该选择手术切除 + 病理检查；对于直径小于 0.5 厘米、经皮肤科医生确认的普通色素痣，可以根据美观和安全性综合评估而选择手术或激光去除。

观点

黑痣虽然有恶变的可能，但是非常罕见，不要过于紧张。如果要去除黑痣，提倡去专业医疗机构请专业医生评估后采用合适的方法彻底清除。

羞涩的负担——红血丝

美丽说

如果你认为女生面色红润是娇俏美丽的话，作为资深红血丝“携带”者，我必须要说，这个真是个负担啊！红血丝是皮肤薄引起的吗，有没有一些可以让皮肤变厚的方法来治疗红血丝呢?

专家点评

形成面部红血丝的原因复杂多样，可分为原发性和继发性。原发性多并发于某些先天遗传性疾病，而常见的红血丝多为后天继发形成的:

✦ 气候因素

因气候因素造成的毛细血管扩张，比如在海拔较高的地区，空气稀薄乏氧，长期缺氧导致红细胞数量增多，血管代偿性扩张，就会形成永久性毛细血管扩张，被人们所熟知就是“高原红”。

✦ 物理因素

长期户外工作，遭受风吹、紫外线照射、高温、严寒的刺激，使毛细血管的耐受性超过了正常范围，引起毛细血管扩张破裂，导致面部毛细血管增多增粗、扩张明显。我国北方地区，春冬两季干燥缺水，温差较大，而且风沙

较大，长期户外工作会导致毛细血管扩张。

✦ 化学因素

利用强酸性化学物质进行角质剥脱或使用一些刺激性较大的祛斑霜、美白霜等，这些高浓度的强刺激性物质破坏了皮肤的天然屏障，致使局部产生炎症，导致过敏反应，各种炎症介质和趋化因子释放入血，增加了血管的通透性，导致血管扩张充血。

✦ 激素等药物因素

糖皮质激素具有抗过敏、抗炎症的作用，广泛应用于皮肤病的治疗，但长期使用会影响局部的分解代谢，降低毛细血管弹性，增加毛细血管的脆性，引起局部毛细血管扩张、皮肤萎缩等。

✦ 疾病因素

某些疾病也可引起毛细血管扩张。

说到红血丝，有些朋友会认为只要皮肤变薄了，就可能会出现红血丝。其实事实并非如此。虽然理论上皮肤变薄有可能看到下面的血丝，但是反过来说就不成立了。

实际上，有些红血丝是先天性的，比如先天性面部毛细血管扩张症、面部痣性毛细血管扩张等，但更多的红血丝是后天获得性的，不当的护肤习惯、风霜雨雪、日晒、外用各类刺激物品或药物等都是引起面部毛细血管扩张的常见原因。

有些红血丝的确是皮肤敏感的一种表现。红血丝可以表现成潮红，在轻微的运动或者激动时面部就容易发红，有时进食一些刺激性或热量高的食物面颊也会明显地红起来，也可以是肉眼能见到的丝状毛细血管扩张。有些人还会伴随着一些不适的感受，比如面部发热发烫，或者轻微的瘙痒、刺痛等。有些时候，不规范地使用激素也会造成这种表现（激素依赖性皮炎）。

一般来说，面部的红血丝是能得到较为理想的治疗的。首先要寻找原因，并尽量避免所有能导致或者加重面部红血丝的因素，如停止使用刺激皮肤和损伤皮肤的各种不合理的美容治疗，充分给予皮肤恢复的机会和时间。

其次，一些医学护肤品含有活性胶原、表皮生长因子以及透明质酸等修复因子，有助于表皮及皮肤功能的修复，可以增加表皮及角质的厚度，增强皮肤的防御功能，预防面部毛细血管扩张的加重。

目前国内外治疗红血丝的手段多以激光治疗为主，通过选择性光热作用原理，作用于病变血管内的血红蛋白，使血管热解、吸收、消退。常用的激光有强脉冲光、脉冲染料激光、长脉宽 Nd:YAG 激光等。

强脉冲光具有光斑大以及脉冲数、脉宽、脉冲延时均可调，治疗速度快、作用温和、可以进行针对性治疗等优点。但选择性不如激光那样好，因此需要反复治疗。

脉冲染料激光的脉冲宽度在毫秒级，对于血管性皮损更具有针对性，效果良好。

长脉宽 Nd:YAG 激光由于波长较长，穿透深度深，能够治疗管径较大的血管，对于肉眼可见的、明显粗大扩张的红血丝效果更好。但是这种光热作用传导损伤周围非靶组织的概率也相对较大，需要足够的表皮冷却以减少损伤。

当然，设备和治疗参数的设定并不简单，需要由医师根据血管的直径、深度、皮肤光反应分型等因素进行选择。在适宜的能量和参数下，有些扩张的血管即刻就会被封闭，当然也有的红血丝需要多次治疗，这都需要和皮肤科医生面诊后才能制订具体的治疗和管理方案。

观点

红血丝可能是天生的，也可能是后天的，例如敏感或者皮肤炎症，并非都是因为皮肤薄。在治疗红血丝前，首先要搞清楚是哪一类原因造成的红血丝，然后有针对性地进行治疗，这样才能获得最佳疗效。另外，还应该通过各种辅助手段增强皮肤的屏障功能。皮肤的屏障功能是防御外界刺激的第一道防线，强化皮肤的生理防御系统、加速皮肤的新陈代谢、帮助恢复表皮的正常免疫功能，可以明显改善继发性面部毛细血管扩张。

医美篇

医疗美容治疗应该避开月经期吗

美丽说

从小的观念，就是女性月经期的是否抵抗力会下降，很多治疗都推荐避开月经期进行，那医疗美容是不是也是这样呢?

专家点评

通常情况下，女性在月经期，由于受多种内分泌激素的影响，身体内各个系统也悄然地发生着一系列变化，诸如情绪波动、血管脆性增加、出凝血时间延长、机体抵抗力降低等。女性在月经期间，机体对病原菌的抵抗能力也有可能随之发生变化，因此部分人在此期间可能会比较容易受到一些感染的袭扰（较容易被感染）。另一方面，正常人体内存在着具有凝血作用的纤维蛋白酶原和具有溶血作用的纤维蛋白溶酶原。只有两种物质保持平衡，人体内的血液才能正常的循环。月经期女性纤维蛋白溶酶原被激活，体内的血液处于不易凝固的状态（有利于经血的排除）。因此，一旦出现血管破裂，哪怕是小血管破裂，也会导致止血功能生理性削弱。因此，可以择期进行的医疗美容损伤性治疗常常将月经期作为“相对禁忌证”，如肉毒素等注射美容一般都会选择避开月经期进行治疗。

目前的医疗美容项目众多，手段包括有创性和无创性治疗，对于绝大多数无创性治疗，如激光与光子、果酸治疗等，完全没有出血和感染等潜在风险，月经期治疗是比较安全的。

观点

合理选择医疗美容治疗的方案和时间，治疗前充分了解自己的皮肤特点和治疗项目、有无创伤，有无出血、感染等风险。一般来说，光子嫩肤、低能量激光嫩肤、激光脱毛、药物导入等无创治疗，在月经期进行是可以的。皮肤美容外科手术、注射美容、剥脱性激光治疗等有创性治疗则应该尽量避开月经期，最好选择月经期后进行。

激光治疗那些事

美丽说

关于激光治疗后的饮食禁忌，民间一直有一种说法：激光治疗之后不能吃酱油，否则会增加黑色素的产生，容易导致色素沉着。是这样的么，那到底需要禁食酱油多久呢？另外，激光治疗会不会很痛，需要请假吗？

专家点评

✦ 激光治疗后能不能吃酱油

那种认为激光治疗后吃了酱油容易发生色素沉着的观点可能源于酱油的颜色，依此逻辑，那么吃青菜皮肤是否会变绿、吃西红柿皮肤是否会变红？这当然是没有科学依据的。“激光治疗后吃酱油是否会导致色素沉着”，要解答

这个问题，首先需了解：人体正常生成色素的过程是什么，色素沉着如何形成的？酱油的主要成分是什么，代谢过程是怎样的？如何避免激光术后色素沉着及治疗。

人体正常生成色素的过程是什么，色素沉着如何形成的：正常肤色的决定因素是黑色素细胞的活性，即黑色素产生的质和量，并非黑色素细胞的密度。黑色素细胞内独特的细胞器——黑色素小体，是黑色素产生的场所。与浅色皮肤相比，深色皮肤的人黑色素小体更大，含有更多黑色素；转运给角质形成细胞后，深色皮肤的人黑色素小体呈单个散在分布并降解较慢。酪氨酸是形成黑色素的原材料，它在酪氨酸酶的作用下形成多巴醌，进而氧化形成黑色素，在黑色素合成的生物学过程中，酪氨酸酶是关键酶，它的活性直接影响到黑色素形成的质和量，如紫外线过度照射、酪氨酸酶活性抑制物（如巯基类化合物）含量降低、药物或机械类不良刺激等使得酪氨酸酶活性增加，则黑色素形成就增多，最终导致皮肤色素沉着。

酱油的主要成分是什么，代谢过程是怎样的：酱油的主要成分包括氨基酸、可溶性蛋白质、糖类、酸类，其中酪氨酸的含量与日常饮用的牛奶所含酪氨酸含量相似。除此之外，酱油主要是由黄豆酿造，酱油的黑色主要来源于焦糖，黄豆和焦糖的成分并不能促进人体黑色素的形成，所以不必太过夸大酱油的作用，正常摄入无须担心色素沉着的问题。

如何避免激光术后色素沉着及治疗：炎症后色素沉着

是常见的皮肤科问题，形成机制主要为表皮或真皮黑色素增加。炎症反应过程中花生四烯酸可转化为前列腺素、白介素等物质，这些炎症介质可直接或间接激活表皮黑色素细胞活性，增加黑色素合成以及黑色素小体向角质形成细胞的转运，从而导致表皮内色素沉着。激光术后色素沉着属于炎症后色素沉着，通常是由于激光的热效应、压力效应和冲击波引起皮肤组织炭化、气化、变性，损伤使正常组织、黑色素细胞被破坏，发生炎症反应，导致黑色素小体大量释放，从而形成色素沉着。临床上，肤色深的个体较肤色浅的个体更容易出现炎症后色素沉着。一旦出现色素沉着，可选用外用脱色剂、Nd：YAG 激光、维生素 C 导入、果酸治疗等。

✦ 激光术后预防色素沉着的方法

多吃富含维生素 C 的食物：维生素 C 不仅能够抑制黑色素的生成，而且还具有氧化还原作用，大量维生素 C 可使颜色较深的氧化型色素渐渐还原到浅色甚至无色状态。

富含维生素C的食物有荔枝、龙眼、核桃、西瓜、蜂蜜、梨、大枣、韭菜、菠菜、橘子、萝卜、莲藕、冬瓜、西红柿、大葱、柿子、丝瓜、香蕉、芹菜、黄瓜等。

避免接触诱导或加重光敏性的植物：如荠菜、芹菜、莴苣、油菜、苋菜、茴香、蘑菇、木耳、白菜、柠檬、甜橘属于光敏性食物。对于这类食物，尽量在晚餐食用，或者要注意食用后不宜在强光下活动，同时避免使用含有香柠檬油或无花果叶煎汁的化妆品，以避免黑色素沉着。

不能强行去除结痂：激光治疗后，结痂掉痂过程以面部为例一般为 5~7 天左右，在结痂期不能用手指强行除痂或是采用浸水的方式加速痂皮的软化脱落，一旦伤口延迟愈合，就有可能导致色素沉着。

注意防晒：激光治疗的 7~10 天内，治疗部位应尽可能保持干燥，清洗或者碰水后尽快用干净毛巾轻轻吸干。大约 1 周左右痂皮会

自动脱落，掉痂后的皮肤初为浅粉色，这个时候要注意防晒，否则新生皮肤易受紫外线伤害，导致色素沉着，这是激光治疗遗留色素沉着的主要原因。

✦ 激光治疗会不会很痛

美容激光治疗技术是迄今为止最完美也是使用最成功的微创 / 无创治疗技术。治疗后瘢痕很小，甚至完全没有瘢痕。同时由于大多数美容激光都是脉冲激光，治疗皮肤时真正照射皮肤的时间一般长则几毫秒，短则几纳秒（百万分之一秒），换言之，激光照射皮肤的时间非常快，以至于皮肤还来不及感受剧烈的疼痛激光治疗就结束了。因此新型美容激光治疗技术在疼痛方面要比传统的治疗技术优越很多，不仅治疗效果很好，而且疼痛感更轻。

当然，即便疼痛感减轻了，激光治疗还是有一定的疼痛感觉。这种疼痛可以通过外敷麻药来减轻疼痛。事实上，部分美容激光治疗完全不需要麻醉，治疗者完全能够忍受。

✦ 激光治疗后是否需要长时间修复

美容激光事实上包含了各种不同的治疗技术和设备，简单地区分为剥脱性 / 烧灼型治疗激光、非剥脱 / 光热治疗激光、弱激光等。这些激光都是用来治疗不同疾病和问题的。其中剥脱性 / 烧灼型激光一般都会留下一定的治疗伤口，治疗后也会留下或多或少的瘢痕，因此治疗后大多需要一定的休息时间。对于其他非创和微创的治疗激光技术，根据治疗的强度需要不同的时间来等待皮肤恢复。弱激光基本上就是非创的，治疗后完全不需要任何的休息时间。

✦ 激光治疗会引起皮肤敏感吗

一般的激光治疗有高选择性，能精准地治疗病灶而不伤害皮肤，对正常皮肤几乎没有或者只有极其轻微的影响，所以不会引起皮肤敏感。剥脱性的点阵激光由于有部分表皮的剥脱，可能出现暂时的皮肤敏感（发生率约为 10%），但是很快就能得到修复。但是，也不能因为激光导致皮肤敏感的几率很低而频繁进行激光治疗，因为的确有些患者的皮肤功能会受到一定程度的影响。

那多久做一次算常做呢？首先，我们的皮肤有正常的新陈代谢时间，一般是 28 天左右，实际是表皮的更替时间。我建议如果使用高能量激光治疗的话，间隔时间不要短于 1 个月。实际上，很多激光治疗的间隔时间是 1 个月，一些剥脱性激光治疗如痤疮凹陷性瘢痕间隔长达 3 个月，一些疾病如太田痣治疗的间隔时间更是长达 3~6 个月。大光斑低能量治疗黄褐斑可以适当缩短治疗间期，但是因为使用的能量较低，一般不会出现皮肤敏感。

观点

激光治疗后不能吃酱油，否则会引起色素沉淀的观点完全没有科学依据，为了尽可能减少色素沉着的发生，可以在激光术后遵医嘱使用抗炎及促进皮肤修复的药物。美容激光治疗的疼痛感是可以耐受的，当然也可以外敷麻药缓解。激光治疗虽然安全性很高，但是是否需要休假配合皮肤修复，请听从医生的建议。正确的激光治疗不会引起皮肤敏感，同时还可以治疗皮肤敏感。

激光能够根除色斑

美丽说

激光可以祛斑吗，效果怎么样，能不能根治呢?

专家点评

毫无疑问，激光可以说是目前治疗色素性疾病的首选治疗，能击碎色素颗粒的同时又不损伤正常皮肤，对于大多数的色素性疾病都能取得很好甚至是根除的效果，当然也有一小部分的疗效欠佳，例如咖啡斑和黄褐斑的治疗。

激光美容之所以能风靡全球，是因为它治疗色斑的效果的确是有目共睹的。大多数的色素性皮肤病激光都能做到基本清除：例如脂溢性角化（老年斑、日光性黑子）、雀斑、黑子、太田痣、雀斑样痣、褐青色痣、部分文身，且治疗后基本不会复发。

但是没有哪位有经验的激光治疗医生能保证所有的色斑都达到 100% 的清除。因为虽然对大多数人来说，能做到几乎清除，但的确有少数人只能明显减淡，治疗后会有一点痕迹，这剩下的痕迹再接受激光治疗也不会再有明显的效果。

治疗后会复发吗？多久会复发呢？能保证以后不长了吗？这是每位患者都关心的问题。

这里我想用老年斑举例。老年斑是一种和个人体质以及日晒有很大关系的色斑，激光治疗能取得很好的效果，但是，医生只对已经长出老年斑的地方进行了治疗，却无法保证其他地方不会再长出老年斑。而且老年斑的形成和日晒的关系极大，若平日里不注意防晒，很有可能整个皮肤上会源源不断地出现大小不等的老年斑。所以皮肤科医生一直都会强调防晒的重要性。

同时，有一些色斑治疗后很易复发。比如咖啡斑，治疗后复发的比例非常高。很多咖啡斑患者在一次治疗后往往欣喜若狂，因为 2 天左右的时间痂皮脱落后他们发现咖啡斑完全就不见了，但是医生不得不提醒，约一半患者的咖啡斑会在 3 个月内复发，而且很有可能恢复到之前的状态，就像没有治疗过一样。为了减少复发，往往皮肤科医生都建议对咖啡斑进行多次反复治疗，如果约 3 次治疗后

皮损仍没有什么改善，我们会建议患者放弃治疗。

✦ 激光祛除雀斑

因为很多女性饱受雀斑的困扰，所以在这里要着重说一下雀斑。目前对于雀斑，治疗效果最好的莫过于高科技的 Q 开关激光和光子，这种治疗方法见效快、疗效高、安全性高，几乎不会影响第二天上班。

虽然治疗后的几天雀斑的颜色会较原来更明显，感觉就像色素被“吸”出来一样，但是随着结痂的脱落，脸部就会变得白嫩光洁了。

一般而言，通常 1~2 次的治疗就能基本去掉面部雀斑，但是治疗效果与个人基底皮肤的性质和雀斑颜色深浅有很大关系。

我根据基底皮肤的状态和雀斑颜色将雀斑分成以下几种类型：白加黑型（即基底皮肤颜色较白，雀斑颜色较深）、黑加黑型、白加白型、合并黄褐斑型、合并皮肤敏感。采用这样的分型方式，患者可以简单的将自己的雀斑分型，而我也可以很好地告知患者治疗的效果、存在的风险，更利于选择合适的治疗方式。

其中白加黑型是治疗效果最好的，清除率非常高，副作用发生率小；黑加黑型、白加白型次之，且基底皮肤较深，出现色素沉着的几率会大一些，不过不用担心，这种色素沉着一般较轻，且能慢慢消退；合并黄褐斑型、合并皮肤敏感的患者在追求治疗效果的同时需注意保护基底皮肤，提高治疗的安全性。

那是选择激光还是光子治疗呢？

首先，这两种治疗方法都非常理想的，一般来说激光的治疗作用要强一些，但治疗后的皮肤反应也相对要强一些。光子治疗作用稍弱一些，因此治疗后的皮肤反应也会弱一些，其最大的优势在治疗雀斑的同时尚可以达到非常多的美容效果，如改善皮肤质地、提高皮肤亮度等。

雀斑是一种与遗传和日晒都有关系的色斑，因此治疗后复发的可能性是有的，从我治疗的经验及随访情况来看，复发的可能性存在，但并不高，且复发的时间不定，有短至一年的，也有长达十年的。影响雀斑复发的因素很多，包括个人体质、防晒措施、生活习惯等。防晒做得好，生活规律、睡眠充足、多食水果蔬菜自然复发的几率会大大降低或者延长复发的间隔时间。很幸运的是，即使雀斑再次复发，使用激光或者光子治疗再次去除，效果依旧很理想。

✦ 激光治疗后色素反弹是怎么回事

激光对雀斑、脂溢性角化、太田痣、晒斑等都有非常好的疗效，经过几次治疗皮损可以痊愈，过程中有些患者会出现短暂的色素沉着，这与很多因素相关，例如患者的皮肤类型、防晒习惯、激光参数是否合理、激光术后护理不当等。

大多数色斑激光治疗都比较顺利，治愈后也不会复发，遵循医嘱严格防晒的患者发生色素沉着的几率不会太高。

但是对于部分患者皮肤类型比较特殊，治疗后皮肤容易发生色素沉着，也应该理性看待。这只是治疗过程中的一个小插曲，最终会慢慢消退。激光治疗后的色素反应是机体的一种保护性反应，不能理解为激光治标不治本。发生色素沉着后要及时与治疗医生联系，可外用一些祛斑产品加速色素的消退。

有些皮肤病，如黄褐斑，激光治疗过程中容易出现色素沉着或色素减退，这与疾病本身色素非常活跃有关系，黄褐斑的病因非常复杂，目前还不完全清楚，激光对其确实不治本。

✦ 激光治疗会让皮肤变薄吗

首先我们不能将皮肤看成“死皮”。它非常有活力，能够再生和修复。那种误认为皮肤越做越薄的人想当然的认为，激光每治疗一次就会去掉一层皮肤，皮肤就会薄一点，长期治疗皮肤会变得很薄。其实不然，适当的激光刺激，能激活皮肤再生修复功能，部分激光美容不但不会使皮肤变薄，反而会使皮肤的厚度增加，并使之更加紧致、弹性，向年轻化转变。当然激光治疗后，暂时的皮肤屏障功能受损是可逆的，由于皮肤自我修复能力很强，所以只要正确治疗和规范护理，皮肤屏障很快就能 100% 地修复。不要因为害怕暂时性的“脆弱”而放弃让自己变得更美的机会，这样就是捡了芝麻丢了西瓜。

观点

祛斑是一个很大的话题，不同的色斑看上去是一样的，其实不然。不同的色斑治疗方法不同，疗效也不同，有的能完全去掉，悄无声息，有的则不太容易去掉。因此祛斑最重要的是去专业的皮肤科医生那里看看，对症治疗，方能有好的结果。激光治疗后色素反弹(也就是色素沉着)是机体的一种反应，不是治标不治本。

让人又爱又怕的肉毒素

美丽说

每个女人都害怕变老，都想青春永驻，然而随着岁月的流逝，年轮在脸上刻下的痕迹——皱纹，却是女人心中的噩梦。注射肉毒素应该是最广为人知的一种美容手段了，可以祛除皱纹，让人看起来更年轻，然而我还是有些疑虑，毕竟肉毒素里带个“毒”字，它是不是一种毒素，会不会中毒啊？网上还有很多人说打了肉毒导致了面部瘫痪，变成了“僵尸脸”，这是不是真的啊？

专家点评

✦ 肉毒素有毒吗

肉毒素的全称是肉毒杆菌毒素，是一种神经毒素，能够阻断神经末梢与肌肉之间的信号传导，减弱肌肉的运动，可用于面部除皱、瘦脸、瘦小腿、治疗面部痉挛等。

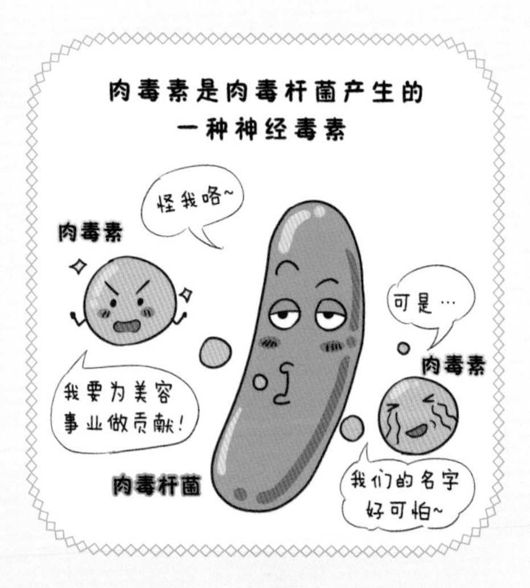

肉毒素因其能有效除皱而备受人们青睐和追捧，但人们对肉毒素仍缺乏了解，有人望文生义认为是一种毒品，而实际上肉毒素只是肉毒杆菌产生的一种神经毒素（就像青霉素是青霉菌所产生的毒素一样）。有研究推算，A 型肉毒毒素的中毒量约为 2500~3500U，而临床应用中的

治疗剂量仅为 4~5U/ 点，显然肉毒毒素治疗剂量与中毒剂量相差很远。肉毒素除皱的维持时间大约为 4~6 个月，6 个月之后效果会逐步消失，求美者可以再次注射，部分人就将这种维持性注射理解成依赖，其实完全是误解。

和化学剥皮、填充物注射等治疗相比，肉毒素去皱确实是目前国际上最先进的去皱技术，它具有损伤小、无创伤、不影响工作、见效快的优点，只需要在皱纹处注射一针，3~7 天后开始发生疗效，大约 1 个月左右皱纹就会逐渐展平。

但是，肉毒素不是万能药物，有 5 类人不能使用肉毒素进行除皱美容：

★ 准备怀孕、孕妇、哺乳期妇女

★ 重症肌无力症、多发性硬化症患者

★ 上睑下垂者

★ 身体非常瘦弱，有心、肝、肾等内脏疾病者

★ 过敏体质者。

当然，除了以上 5 种人不能注射以外，还有几点要特别提醒大家：

★ 肉毒素祛皱只是众多祛皱方法中的一种，并不是对任何人都百分之百有效。

★ 使用肉毒素祛皱，一般的鱼尾纹、额头纹、眉间纹、鼻唇沟纹和颈部皱纹都可以去除，但最适用于早期的、不太明显的皱纹，而且皮肤不是很松垮的情况。

★ 皮肤极端松弛者，或者年龄超过 60 岁者，肉毒素去皱注射效果可能因为皮肤过度松弛而大打折扣。

★ 肉毒素对于静态皱纹只能减轻，不能完全消除，常常需要联合透明质酸和蛋白埋线等治疗手段才能达到完美的祛皱效果。

★ 注射一次肉毒素的有效时间是 4~6 个月，要想长期有效，每年需要注射 2~3 次左右。

✦ 肉毒素会不会导致“僵尸脸”

肉毒素祛除皱纹的机制主要是阻断神经与肌肉之间的信号传递，使得表情肌的活动幅度降低，以此来消除皱纹。换言之，肉毒素去皱纹是“牺牲”部分过于“灿烂”的表情（例如笑容）来达到去皱纹的目的的。

这样说就很好理解为什么肉毒素主要用于祛除动态性皱纹（又称假性皱纹）了。所谓的动态性皱纹，就是我们面部肌肉活动时所产生的皱纹，在发生表情动作时才会出现，表情运动停止时皱纹消失。例如，笑的时候眼角出现的鱼尾纹，眼睛向上看时出现的抬头纹，皱眉时出现的眉间纹（又称川字纹）。

肉毒素对神经和表情肌信号的阻断作用是与剂量相关的，剂量越大，阻断就越强，面部表情就会越僵硬。也就是说，肉毒素虽然可以让人容貌变得年轻漂亮，但一定要掌握好剂量。因此，特别提醒大家：打肉毒素千万不能贪心。肉毒素美容的效果一般也就维持在 6 个月左右，不能为了追求时间长，要求医生打很大的剂量。

当然在大多数情况下，医生注射的选点和剂量都会有个正常范围，因此即便笑容不太自然，也不会出现“僵尸脸”的情况。

如果在注射的时候，如果医生对注射的选点把握不好，或者对表情肌收缩力评估不准确（此时注射剂量就会偏大），注射后所“牺牲”的表情就较多，甚至会出现“皮笑肉不笑”的“僵尸脸”。

因为肉毒素阻断肌肉与神经信号的作用是可逆的，也就是说，即便出现“僵尸脸”，不需要任何处理，1~2 个月后就自然恢复正常。因此即便发生“僵尸脸”，也不要理解成一种严重的副作用。正因为这种作用是可逆的，因此肉毒素需要每隔一定时间（通常是数月）重复注射，以维持疗效。

常规注射肉毒素一般不会
发生“僵尸脸”
不要
贪心哦
医生注射的
选点和剂量都
有正常的范围

即使不规范的注射导致出现“僵尸脸”，
1～2个月后就可自然恢复正常
僵硬
100%
恢复

观点

从改善皱纹到嫩肤，从瘦脸到面部提升，肉毒素注射都取得了不俗的疗效，肉毒素相当安全，不会成瘾也不会中毒。但是进行肉毒素注射时，一定要到正规医院找有资质的医生，应用正规的产品，不要为了贪图便宜，随便找个地方注射，否则本来是美容，可能真的会变成“毁容”。

注射肉毒素祛除皱纹的机制的确是麻痹神经，减少肌肉运动，但是这种作用是剂量相关的，也是可逆性的。换言之，即便真的剂量打大了，面部有些僵硬，也是短时间一过性的，能100%恢复。只要注射剂量准确就不会出现“僵尸脸”，更不会一直僵硬而不能恢复。

肉毒素注射能改变脸形吗

美丽说

为了不让自己输在美丽的起跑线上，很多女性朋友想要拥有现在最流行的脸形——“瓜子脸”（小 V 脸）。

网上的一个调查显示，约有 85% 的女生希望自己的脸可以变得再 V 一点，而男生们也更喜欢 V 脸的女生，甚至有超过 70% 的汉子们也希望自己可以有一张小 V 脸。看来无论男女，大家都希望自己能够分分钟变身韩剧里的 V 脸男神女神。

专家点评

亚洲人的脸型一般可以分为 8 种类型：①三角形脸形；②卵圆形脸形；③圆形脸形；④方形脸形；⑤长圆形脸形；⑥杏仁形脸形；⑦菱形脸形；⑧长方形脸形。

脸部的美取决于面部整体的紧致度、立体感、流畅性。瓜子脸上部略圆，下部略尖，形似瓜子，在众多脸形之中瓜子脸是现阶段被大多数人认为最美的一种脸形。

很多人为自己的大脸烦恼，而导致脸大的原因主要有哪些呢？

★ 咬肌肥大：咬肌发达，是造成脸大的主要因素。咬肌肥大的发生一般又与人咀嚼习惯和饮食习惯有关，如饮食中经常吃硬的食品或有吃零食、吃口香糖习惯等。也有人以为咬肌肥大与遗传因素有关，事实上从临床上看确有家族性咬肌肥大的现象。

★ 面部脂肪堆积：身体的肥胖不仅能够体现在腰腹与上肢，脸部是最显而易见的地方。面部脂肪过多而又极少运动，很容易变成胖嘟嘟的苹果脸。有些人自幼面部存在脂肪堆积，俗称“婴儿肥”。

★ 下颌骨肥大：有些人天生就是“大脸庞”，那么不管多么瘦，也不会变成一个小脸美人了。

★ 混合型肥大：咬肌肥大合并脂肪堆积和（或）骨骼肥大导致的“脸大”。

为了使“大脸”变“小脸”，常用的方法是打“瘦脸针”，其本质就是注射肉毒素。即通过向咬肌注射肉毒素，阻断神经和肌肉之间的联系，让咬肌放松、萎缩、变小，脸部线条变得柔和紧致，呈现真正的瘦脸效果！

一般注射肉毒素瘦脸只需要短短 10 分钟即可完成，注射 2 周后瘦脸效果初步呈现，注射 1~2 个月左右达到最佳瘦脸效果。在刚注射完毕时，要注意不要去揉搓脸部，避免或少吃很硬、耐咀嚼的食物，这样能让瘦脸的效果维持半年甚至更久，一般连续注射 3~5 次后咬肌大小相对定型。

肉毒素注射瘦脸后要尽量避免或少吃坚硬食物和咀嚼口香糖，以免过度使用咬肌，导致咬肌体积增大。

但是“瘦脸针”并非万能，因为它只对单纯咬肌肥大造成的“大脸”才会有非常明显和完美的效果。针对混合型肥大效果不明显，对于脂肪型和骨骼型肥大基本无效。

一般针对面部脂肪过多者，可采用面部光纤溶脂或微创吸脂手术来达到瘦脸效果。针对下颌骨肥大者，则可以选择去除下颌角（瘦下颌角）手术，将宽大的下颌角部分去除，手术效果格外明显。

观点

大多数人的咬肌都可以通过注射肉毒素进行松弛性治疗，脸型因而发生改变，变成可爱的V型，但是由于导致脸宽的原因并不仅仅只是咬肌，因此注射后部分患者脸型改变较大，部分患者改变不太大，需要结合其他方法进行治疗。注射肉毒素后，脸形会发生改变，但是如果不追加注射，咬肌是能恢复的，最终完全恢复到原来的状态，因此需要接受疗程式的注射，不提倡单次注射治疗。

果酸的前世今生

美丽说

最近很多护肤品中都宣称含有果酸，貌似可以美白皮肤哦，是真的吗，果酸安全吗？

专家点评

果酸，是从水果、酸乳酪中提取的各种有机酸，包含葡萄酸、苹果酸、柑橘酸及乳酸等，其中以自甘蔗中提炼的甘醇酸运用最广。果酸对皮肤的美容疗效是 20 世纪 70 年代由美国医师发现。由于果酸的优异功效，时至今日，已是全球皮肤科医师应用在辅助治疗及居家保养上最常用的手段。

果酸主要通过对皮肤表层的剥脱作用，使皮肤最表面的死亡细胞（角质细胞）脱落，减少死亡细胞的折射作用，使皮肤看起来更加光滑细腻；使皮脂分泌物排泄通畅，左右就不容易出现粉刺、痤疮；促进黑色素颗粒的代谢，减轻色素沉着，改善粗糙、暗沉的肤质；可以辅助激光、注射疗法祛斑、去皱。

一些护肤品中含有浓度不高（<5%）的果酸，功效着

重在去角质及保湿，对于除皱美白没有明显疗效。

但含果酸的护肤品并不是人人都适合使用，因为适当厚度的皮肤角质层对皮肤起到了重要的保护作用，若角质层过薄，易出现红血丝、皮肤敏感等不适。对于近期打算做剥脱性激光或皮肤磨削术或已行果酸换肤治疗者不宜使用该类护肤品。

临床中应用的果酸换肤适应范围广，包括痤疮、毛孔粗大、皮肤老化、色斑、细微皱纹、毛周角化等。果酸换肤所采用的果酸浓度不等（10%~50%），浓度越高，剥脱作用越强。

观点

果酸看上去是美容产品，但是实际上是典型的医疗方法，尤其是高浓度的果酸治疗需要专业人员实施，不可以在美容院里随意接受这类治疗。

美丽的焦点——透明质酸

美丽说

透明质酸俨然成为了时代的新宠，从护肤品到面膜，从注射填充到水光注射等，似乎它无所不能。那么透明质酸到底是个什么东西，为什么既能用于保湿，又能用于填充，用途不同的透明质酸成分一样吗?

专家点评

说到透明质酸，大家可能还是比较陌生，但是说起玻尿酸，估计就是如雷贯耳了。重要事情说三遍：玻尿酸是一个不规范的用词，规范用词应当是透明质酸！透明质酸！透明质酸!

过去我国基本上使用透明质酸，从来不用玻尿酸一词。但是我国香港和台湾等地一直使用玻尿酸一词。由于很多医疗机构很商业，希望“营造”出一种高大上的氛围和感觉，所以丢掉了较为“土气而地道”的透明质酸这个词汇，而改用看上去“洋派”的玻尿酸，以至于大众和社会都不再使用透明质酸这个词汇了。这种现象比较普遍，类似的例子还有“镭射”，其实就是激光，之所以拒绝使用激光而用镭射，因为这样就显得高大上且洋派十足，实在是一种悲催。

透明质酸如此流行的一个很重要的原因是，这种物质是我们皮肤内的一种正常成分，降解后就是二氧化碳和水，与皮肤融合度极高，安全性也就自然很高。

皮肤的弹性、光泽及年轻程度一般取决于它的丰盈程度和分布情况。透明质酸能够帮助皮肤从体内及皮肤表层吸得水分，还能增强皮肤长时间的保水能力。皮肤的透明质酸从 25 岁以后就开始流失，30 岁时只剩下幼年期 65%，60 岁时只剩下 25%，皮肤的保水能力也会随着透明质酸的流失而下降，失去弹性与光泽，长久下来便出现皱纹等老化现象。

透明质酸根据分子量的不同其作用也不同，小分子量的透明质酸保湿吸水性很好，适合添加到面膜和化妆品中，能增强产品的保湿功能，而且也非常舒适。在化妆品中添加透明质酸后，能获得非常理想的保湿效果，因为透明质酸是迄今为止最好的保湿因子之一。

大分子量的透明质酸因为其硬度较大，可以作为填充材料用于注射美容(微整形),可填下颏、丰苹果肌、隆鼻等,也可填充除皱(如法令纹、皱眉纹、抬头纹等)。另外透明质酸还可以全面部小剂量注射,用于全面部保湿补水,补充皮肤营养、增添皮肤光泽度和弹性、提升肌肤抵抗衰老的能力。

观点

透明质酸是我们皮肤内的正常成分,根据不同的使用目的,其分子会经过适当的修饰改造。护肤品中的透明质酸为低分子量非交联的透明质酸,是高效的保湿成分;注射填充的透明质酸是经过广泛交联后的大分子透明质酸,不容易代谢,是一种可注射的液态“假体”。虽然都叫透明质酸,但性质不同,用法也不同。

“美白针”有作用吗

美丽说

随着明星的推广，“美白针”像一阵旋风一样吸引着广大爱美的女性朋友，成为一种美容时尚产品，被许多美容机构广泛使用。它号称能“祛除皱纹、增加肌肤弹性、收缩毛孔、淡化色素”。一夜之间，通过打美白针来改善肤色、让皮肤变白的治疗开始在社会上风靡。

专家点评

目前美容市场上常用的“美白针”主要是以下三种成分：

✦ 维生素 C

是一种重要的抗氧化剂，同时增强谷胱甘肽的作用。维生素 C 确能减少色素沉着，改善黄褐斑的症状。还可保护维生素 A、E 及某些 B 族维生素免受氧化。

✦ 谷胱甘肽（GSH）

也是一种强的抗氧化物质，主要是谷氨酸、半胱氨酸和甘氨酸结合而成的三肽，是免疫系统保持正常功能的关键物质。用来保肝解毒，清除体内的自由基。与天然维生素 C 并用，能够提高功效。

✦ 氨甲环酸（传明酸，TXA）

能抑制酪胺酸酶的活性，防止色素聚集，能阻断紫外线加快色素代谢路径，从而抑制黑色素的生成。

关于“美白针”的配方、疗效、安全性，目前还没有相关的循证医学数据验证，理论上讲都有各自的药物不良反应几率，尤其是药物混合后的互相作用难以知晓。另外，注射“美白针”违反目前的法律法规和医学伦理：“美白针”更多是一种商业概念，医疗法规并不支持。对于并无疾病

和非免疫接种的健康人群，使用处方类药物而满足“美白”要求，是违反医疗伦理的，而且“美白针”往往用药剂量要大于常规药理学剂量，长期使用是否有潜在的安全性风险还未可知。

观点

对于黄褐斑患者，在医生指导下使用一些药物治疗是必要的。对于雀斑、褐青色痣、色素沉着等皮肤问题，合理选择果酸、激光等治疗，也是安全有效的。对于肤色黝黑者，应在医生指导下治疗和护理，而不是盲目地注射“美白针”，毕竟皮肤和人体整体的健康永远是第一位的，做好常规的清洁、补水、保湿、防晒才是根本。

面对漫天的“拉皮”，究竟何去何从

美丽说

所谓“拉皮”是不是动手术切除一部分皮肤再进行缝合啊，如果是这样，那风险真的太大了，为什么还有那么多人对“拉皮”这么痴迷呢?

专家点评

由于很多人都比较害怕手术，传统的嫩肤设备对于比较严重老化症状，如皮肤松弛下垂等的治疗效果不理想，而年轻化需求又很迫切，市场上便出现了令人眼花缭乱的各种“拉皮”器械。比如大家可能听说过的电波拉皮、光波拉皮、声波（音波）拉皮等。一些厂家还自己给设备起了名字，进行商业包装，名称就更加混乱了。

其实，光波拉皮就是利用光的热效应来达到治疗目的，通常是近红外波段的光；电波拉皮，一般是指各类射频治疗。射频属于电，最早用于紧肤、平滑皱纹、改善面部轮廓设备是 Thermage 公司的，属于单级射频，2002 年后，以 ThermaCool TC 为代表的单极射频开始大量应用于国外临床。随后，Lumenis 公司的 Aluma 成为代表性的双极射频设备。后来，又出现了多级射频设备。总之，射频能通过组织阻抗对射频电流的自然反应产生深达真皮的热，进而达到紧肤的效果。

声波拉皮是利用高能聚焦超声产生热量，将高达 65~70℃的高温传送到面部不同深度。

这些“拉皮”设备通过产生热量来达到紧肤的效果，短期疗效由原发性的胶原收缩显现，此后，热损伤还可促进胶原合成，紧致特定部位和深度的皮肤，还可以产生一些提升效果，也就是所谓的“拉皮”效应。当然，这种效果是无法与“拉皮手术”相比的。

目前这类非手术“拉皮”的设备可以说是琳琅满目，值得注意的是，这些治疗虽然看上去比手术更加安全，但若使用不当还是会有风险，比如水疱、瘢痕、局部凹陷等，甚至有在非医疗机构进行该类治疗最终丧命的案例。所以这类治疗一定要由医师在医疗机构而不是美容师在美容院里进行。

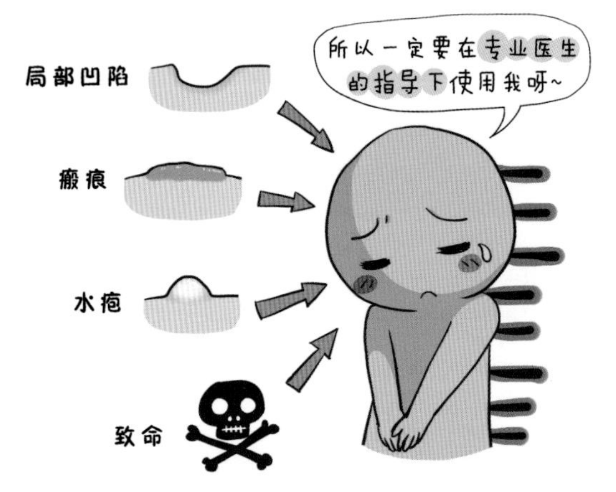

观点

拉皮紧致的方法很多，非手术类的治疗方法虽然看似五花八门，但是基本原理都是通过对组织的热刺激使得皮肤收紧。总的说来，年轻人的治疗效果要比年老的人好。但是我们不能将抗老化的治疗单纯寄托在单一的治疗方法上，最靠谱的方法还是去咨询专业的皮肤科医生，制订适合自己的综合性抗老化方案。

半永久化妆是个什么鬼

美丽说

最近美容市场上最流行新的名词就是“半永久化妆”，又被称为“细微细胞内色彩插入”“持续性强化化妆术”等，还有被包装为“美国细微永久美妆”“日本美容化妆”“韩国文身化妆”等形形色色的名称，让人眼花缭乱，不知所谓。

专家点评

文绣起源于上古时代的图腾崇拜，流行于战争时期，后来演变成为一种表达个性的文化。从原理上讲，实际上是一种人为创伤性皮肤着色，将色素植于皮肤组织内形成团块。由于表皮是半透明状的，色素可透过表皮层呈现出相应的色泽，从而掩盖瑕疵、展示图案、修饰美化。医疗美容科可利用这个技术修饰瘢痕、色素脱失、白癜风以及其他皮肤缺陷。

由于人工刺入皮肤的色素与加工技术、技师操作手法、人体免疫功能等有关系，传统文绣有一定并发症的风险，例如感染、过敏、瘢痕形成等。随着人体免疫系统的处理，色泽难免不一致，也可能随着时间的推移，色素发生生物化学反应，出现颜色改变。基于以上原因，特别是时尚潮流的更替，使得有过文绣的人又去寻求激光等手段去除那些长期永久性的文身。

所谓的“半永久化妆”实际上是改进的文绣术，号称选用“天然矿物质”色素，刺入的层次比较浅，一般在表皮层和真皮浅层。大约维持 2~3 年后色素被人体吸收和排除，逐渐消退。

观点

“半永久化妆”是基于与传统文绣相同的人工移植色素的原理，选用一些新的色素，在皮肤表皮层进行遮盖式修饰和图案式彩绘。但是，色素毕竟是外来物质，不可能绝对避免感染、过敏，甚至致癌的风险。由于操作人员的手法熟练程度不同，深浅层次不一，也很难绝对保证刺入深度一致，故应综合考虑，理性决定。

一劳永逸，永久脱毛靠谱吗

美丽说

每当到了夏天，女生们逃不开绕不掉的话题之一，就是脱毛。脱毛的方法不胜枚举，但是究竟哪种能够一劳永逸呢，另外脱毛会不会影响汗腺的分泌，对身体产生不良影响，我想这也是很多女生关心的话题，毕竟，健康还是更重要的。

专家点评

目前可以选择的脱毛方式除了简单粗暴的镊子拔、剃刀刮之外，还可以选择用蜜蜡或者脱毛膏。脱毛膏脱毛的原理，是在碱性条件下，使毛发膨张变软，毛发硬度降低，利用还原剂将构成体毛的主要成分——角蛋白胱氨酸链中的二硫键还原成半胱氨酸，从而切断体毛，达到脱毛的目的。上述这些脱毛方法都是临时性的，有时候还可能会损伤到皮肤。

激光脱毛是20世纪90年代开始风靡全球的脱毛方法，经过几十年的不断改进，现在已经非常成熟、安全、有效。脱毛激光能顺利穿透皮肤直达毛发生长部位，经过多次照射后使毛发生长部位失去再生的功能，进而达到脱毛的目的，而且治疗后对皮肤的各种生理功能没有任何影响，安全可靠。

强脉冲光、800nm和810nm的半导体激光、

755nm 的翠绿宝石激光、1064nm 的 Nd:YAG 激光等目前都在用于脱毛。每种激光还可搭配不同的脉宽、不同的制冷或其他减轻疼痛的方式，治疗后皮肤反应也有一些差异。所以激光脱毛并不是想象的那样简单，也不是自己购买一台小小的家用设备照照就可以达到理想的效果。如果需要进行激光脱毛，建议去医疗机构由医生来帮助判断哪种激光更为适合。

由于激光脱毛是热量作用于黑色的毛发，再等热量传导至毛干周围的，所以不是黑色，不在生长期的毛发当次是脱不掉的，所以激光脱毛需要多次治疗。激光或强光脱毛平均需要 4~6 次，与设备、皮肤颜色、毛发部位和毛发粗细有关。经过规范的疗程治疗后，激光脱毛可以使部分毛发永久不再生长，剩下一点点毛发也会变得很细、很稀疏，不再影响美观。

我想女性除了关心脱毛效果外，还会对疼痛感存在顾虑。激光脱毛的疼痛感不强，有的设备甚至宣称无痛。当然，一点感觉没有也是不现实的，不过，疼痛程度都是一般人可以耐受的，好的设备治疗时不比自己拔毛更痛苦。

激光脱毛的副作用比较少见，只有对于肤色很深的人来说，如果用波长较短的激光，可能会有色素沉着的风险。至于激光脱毛对汗腺的作用，也有研究表明，激光是不会对汗腺造成损伤和影响的。如果实在要说脱毛的“坏处”，比如脱腋毛，由于失去了腋毛，减少了摩擦作用，初期可能会有一点不习惯。

观点

如果需要脱毛，建议采用激光脱毛方法，疗效好，而且维持时间长。如果是在家处理，也可以用刀片剔除，相比脱毛膏来说，用刀片剔除对毛囊的刺激性更小。尽量不要使用脱毛膏，多次反复使用脱毛膏后毛发有可能长得更浓密。

脱毛膏对毛囊刺激较大，尽量不要用

皮肤科医生小讲堂

防雾霾、抗污染的护肤品存在吗

美丽说

在我们每天川流不息奔波的城市中，潜伏着多种伤害皮肤的“杀手”。随着城市环境污染的日益加剧，PM2.5肆虐，严重污染的空气导致十面“霾”伏。化妆品专柜小姐都说：“如果不擦隔离霜，皮肤会很凄惨的。”听起来真是惊心动魄啊……PM2.5 究竟对皮肤有什么危害？我该如何应对这些问题呢？

专家点评

✦ PM2.5 是什么

PM2.5 是指环境空气中空气动力学当量直径小于或等于 2.5 微米的细颗粒物，它在空气中含量浓度越高，就代表空气污染越严重。PM2.5 粒径小、活性强，易附带有毒、有害物质（如多环芳烃、重金属、微生物等），具有停留时间长、输送距离远的特点，因而对大气环境质量和人体健康有很大影响。

✦ 空气污染、PM2.5 对皮肤有什么危害

严谨地说，“空气污染、PM2.5，这些对皮肤有影响吗”这句话，必须分成三方面讨论，即污染对健康皮肤的直接伤害、污染对敏感皮肤的加重伤害以及污染伤害身体健康，间接影响皮肤。最后才能讨论护肤品能不能抵抗，甚至反转这个伤害。

首先是污染对健康皮肤的直接伤害。“雾霾颗粒很小，可能渗透进入皮肤”看起来就是个直观议题，当然也是业界不愿意放弃的好商机。这部分的讨论不少，但总体来说，还是以“污染物质众多、易沾黏”与“污染颗粒细小，易渗入”为主要讨论内容。既然雾霾成了关注焦点，PM2.5 当然也成为“细小污染颗粒”的主力部队。

总的说来我们对 PM2.5 对皮肤的影响研究较少。目前关于环境污染是否对健康和皮肤有影响，中国 - 德国联合研究结果初步显示：污染（包括 PM2.5、PM10 等颗粒浓度）等对人体健康产生了负面影响，心血管和呼吸系统疾病的发病率会增加。对于皮肤影响的结果是：皮肤疾病患病率增加、皮肤老化和色素等问题也会增加。

因此从整个情况来看，这些污染颗粒的确对皮肤很可能具有负面影响。但是这些还是初步研究，并未深入下去。我们还无法回答：PM2.5 等是如何作用于皮肤的，是否能钻进毛孔，或者在皮肤表面潜伏下来，或者能破坏皮肤的微生态环境，加强皮肤清洁或者使用所谓的隔离霜有用吗……这些问题都需要在未来的研究中慢慢获得答案。

✦ 防雾霾、抗污染的护肤品存在吗

从个人既往的皮肤生理研究经历来推测，经毛孔或者皮脂腺等结构进入皮肤内部的可能性非常小，这些孔径看上去是孔径，实际上一般物质难以突破进入。同样，这样的小颗粒是否能引起毛孔堵塞，这更多的是一种推测，个人认为不太可能。那么接下来的问题是如果我们加强洁面是否就能避免这些问题？理论上应该如此，但是不太可行。因为频繁过度的清洁皮肤所造成的损伤远比PM2.5更强，有些得不偿失。

我们暂时还无法改变这个污染的世界，但是我们能通过建立良好的生活习惯、正确饮食来增强我们的抗御能力。我们可以不吸烟，因为吸烟对人体有很多直接和间接的危害；多吃清淡、易消化且富含维生素的食物；多饮水；多吃新鲜蔬菜和水果，保持膳食均衡；适当进行有氧运动，增强体质。在特别“脏”的日子，可以适当清洁皮肤，减少外出，但避免过度清洁。所谓的隔离霜事实上并不能起到隔离的作用。考虑到雾霾、污染等对皮肤的作用很多时候是通过自由基对皮肤氧化造成的（最少部分与此有关），因此适当使用皮肤抗氧化剂（例如左旋 C 等）可能有一定的积极意义。

观点

正确认识环境污染对皮肤的损害，建立良好的生活习惯，以科学的态度和正确的保养方法，可能会对皮肤有帮助。

要想皮肤好，饮食要点要知道

美丽说

一方面，“民以食为天”“吃香喝辣”是吃货们难以抵制美食诱惑的最好理由；另一方面，永无休止，甚至莫名其妙的食物“毁容因果说”，使得许多爱美女性唯恐面部出现粉刺，身上多一点脂肪，对正常的饮食都怀有神经质一样的担忧和挑剔。为了美丽，到底应该怎么吃?

专家点评

首先这是两个极端的做法，都不可取。第一种人漠视饮食对皮肤的影响，或者难以控制口腹之欲，往往偏好口味重、油腻的饮食，大量摄取热量；第二种人则完全相反，走向另外一个极端，对饮食极其讲究挑剔，迷信各种网络和书本的“养生”杂谈，更要命的是片面追求维生素C等“美白”作用的营养物质，对于脂肪、动物蛋白质等敬而远之，过度的节引发各种问题。

一方面，偏食咸辣、甜腻和摄入过度的人容易出现超重、肥胖、高胆固醇、血糖升高等问题。面部皮肤容易油腻，好发脂溢性皮炎、痤疮等皮肤疾病，身体部位可出现类似妊娠纹的膨胀纹等。

另一方面，对于大多数成年人而言，每天大概需要摄入谷薯类食物 250~400 克，蔬菜 300~500 克，水果 200~350 克，鱼禽蛋类 120~200 克，这样才能保证身体每天对碳水化合物、蛋白质、脂肪以及膳食纤维和各种维生素、微量元素的需求。

碳水化合物缺乏时生长发育迟缓，易疲倦、面色无华；蛋白质缺乏，会影响生长发育，皮肤苍白、干燥、老化、无光泽，还可出现营养不良性水肿；脂肪可供给机体热能和必要的脂肪酸，帮助脂溶性维生素的吸收，使皮肤富有弹性，缺乏时则易患脂溶性维生素缺乏症，皮肤失去弹性；维生素和微量元素是生物的生长和代谢所必需的微量物质，缺乏时会导致疾病和发育迟缓，皮肤粗糙，免疫功能下降。

观点

如果皮肤得不到体内丰富的营养供给，即使是使用高级的护肤品，也难以使其健美。因此，从膳食中摄取丰富的营养物质，均衡饮食，对皮肤才是最好的。

皱纹和老化是如何产生的

美丽说

今天我在网上看到一组双胞胎的对比照片，简直吓死宝宝了！明明小时候长得那么像，到了中年，为什么其中一个就会比另外一个年轻那么多？难道仅仅是一个比另外一个多晒了很多太阳？我真害怕，和自己年龄差不多的人皮肤还是那么紧致 Q 弹，而我自己却长出皱纹！

专家点评

皮肤老化主要包括自然老化和光老化。自然老化的皮肤随着时间的增长，逐渐发生生理性改变，导致皮肤产生皱纹和皮肤易损。光老化是指由于日光紫外线辐射损害皮肤，导致皮肤提前发生老化改变。光老化皮肤表现为深的皱纹形成、皮肤松弛、无光泽、粗糙和色斑形成等。

皮肤的老化主要表现在皱纹的产生，对于黄种人来说还有皮肤色泽的改变。自然老化引起的面部皱纹可以分为三大类，即体位性皱纹、动力性皱纹和重力性皱纹。

✦ 体位性皱纹

例如颈部皱纹，大多是颈阔肌长期伸缩的结果。体位性皱纹的出现并非都是皮肤老化，但随着增龄，横纹变得越来越深而出现皮肤老化性皱纹。

✦ 动力性皱纹

例如眉间纹，是表情肌皱眉肌肉群长期收缩的结果，还有额肌反复运动形成的抬眉纹、眼轮匝肌的鱼尾纹等。

✦ 重力性皱纹

如鼻唇沟纹，主要是由于皮下组织脂肪萎缩、肌肉萎缩和骨骼的老化吸收，再加上地球引力，即重力的长期作用逐渐产生的。

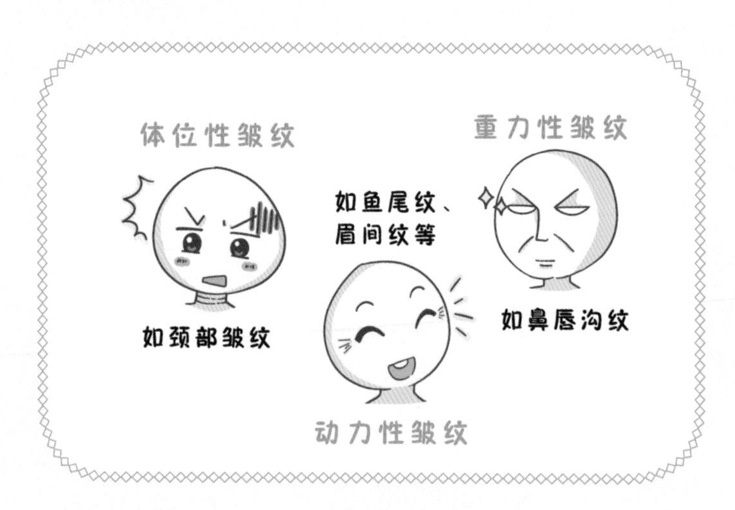

不过，也有人按照皱纹形成的病因分为生理性皱纹、病理性皱纹、光照性皱纹及老化性皱纹等。由于形成的原

因不同，改善这些皱纹的方法不尽相同，前两者主要通过注射肉毒素减少肌肉的运动来改善；第三种主要通过自体脂肪、透明质酸等物质填充获得纠正。需要特别提醒的是，不适当地使用化妆品也会破坏皮肤的质地，过多的扑粉会使面部出现细密的小皱纹。

无论是自然老化还是光老化，其临床表现大体相同，而事实上就个体而言，这两种老化是交织在一起的，无法截然分开。只是有些人可能光老化更明显一些（例如户外工作者），有些人自然老化更明显一些。

日光中的紫外线是导致皮肤光老化、产生色斑、引起皮肤老化的主要外在因素。但是要记住，紫外线对皮肤老化的影响并不是暴晒一次或者一天形成的，而是从儿童时期开始，长年累月地照射皮肤后慢慢积累起来的，最终让皮肤过早发生老化。所以说，皮肤的光老化的确是晒出来的，但是并非短期暴晒而来。

观点

皱纹和皮肤老化不只是晒出来的，但是日光中紫外线的照射却是老化的重要原因，且是我们能够阻止的因素。要想有效防止光老化的形成，需要适当采取防晒措施，而且应该从儿童时期就开始注意防晒。

大牌护肤品是否就一定是好产品

美丽说

对于自己的“面子”，相信很多爱美的女生都会和我一样，毫不犹豫的选择昂贵的大牌的护肤品，原因也很简单：大牌的肯定比普通的品质好；大品牌有保障。真的是这样吗，大牌护肤品是否就一定是好产品?

专家点评

要说清这些事情首先必须了解化妆品的一些基本常识。

1. 化妆品可以分为护肤品和彩妆。护肤品可进一步区分为日妆品和医学护肤品两类。日用化妆品的主要功能是清洁和保湿，主要适合正常皮肤使用，而医学护肤品主要是针对问题皮肤使用。

2. 关于日用化妆品，撇开品牌，其配方基本相同，而且所选择的原料也基本相同，该添加的成分都会添加(如防腐剂、色素、香料等)。如果说各品牌之间有什么不同，应该在生产过程、包装以及品牌定位和市场政策上有些不同。当然，化妆品生产厂家非常多，的确良莠不齐，甚至有很多“作坊式”的生产厂家，它们生产出来的产品看上

去和大牌化妆品差不多，最少外观和包装一点不差，但在生产过程以及包装、储存、运输等各环节可能大牌做得更好。

3. 无论怎么宣传（例如抗皱、祛斑等），日妆品是没有什么实际“疗效”的，这一点明显不同于真正的医学护肤品。营养霜只不过是一种宣传策略而已，本身只是一种护肤霜，其本质是保湿类护肤产品。

4. 无论什么大牌产品，防腐剂、色素、香料等都是必须添加的，即便看上去完全无色无味的产品，其中也添加了这些成分。添加这些成分的目的是防止膏体变质，掩盖生产原料的味道和颜色等。

5. 所有正规产品一般都会获得国家的正式批号，标注生产日期和失效日期。这一点无论大牌和普通品牌都一样，而一些作坊生产出来的产品不可能有正规的批号的。

每年国家质检总局公布的不合格化妆品名单中都会出现一些所谓大牌的身影，可见品牌的知名度或者产品的价格都不应该成为我们选购护肤品的“标准”，关键还是在于护肤品和自己皮肤的“合拍”程度。

综合来看，一方面，大牌化妆品的确在生产和销售过程中做得更好、更到位一些，这些都是质量保障的重要一环，而“作坊式”的产品可能连卫生都无法保障。从这一角度来看，买大牌是有道理的。但是没有必要迷信大牌，只要符合国家标准的正规产品（有批号、有生产日期）都是安全的，它们的品质可能一点都不比大牌差。

观点

既然日用护肤品的“效果”很难出现本质的差别，那么您当然可以按照自己的消费能力、品牌爱好等来购买适合自己皮肤的正规护肤品，大可不必认为只有大牌的、贵的才是好的。

皮肤科医生的护肤品购买攻略

美丽说

我虽然爱美，可是毕竟只是刚刚工作的小白领，面对高端的大品牌护肤品，只能是远远观望。要怎么选择护肤品，才能既不伤害钱包，又对得起自己的脸呢?

专家点评

在选择护肤品的时候，无论是大牌还是普通品牌，选择产品应当注意以下原则：产品是否有国家核发的批准文号（保障使用正规产品）；产品的生产日期和失效日期（不使用过期产品）；产品膏体是否均匀、晶莹、剔透（没有变质）；你是否喜欢其味道；使用后是否能很快和皮肤亲和在一起（所谓吸收性好）。最后，也是最重要的，使用后舒适感如何。如果使用后既不干，也不油腻，那么这样的产品就比较适合您使用。

选择护肤品时应该注意的几点

在皮肤科门诊经常会遇到使用护肤品过敏的患者，出现瘙痒、皮肤发红，甚至出现面部肿胀、水疱、糜烂。

很多人认为出现此类问题肯定是由于购买了质量差的产品。其实不然，据患者反映，即使是一些大牌护肤品，也会出现问题。因此，选择护肤品的关键不在于品牌和价格，而是护肤品和自身皮肤的“合拍”程度。

需要特别提醒的是，有些女性会通过非正常渠道购买所谓的“见效快”的产品，这些产品往往证照不全，不在国家监管范围之内。商家为了追求短期“效果”，会在产品中添加违法成分，如激素、荧光剂、高浓度药物等。一定要对那些看起来效果很好的护肤品保持警惕，不要购买这类产品。

观点

护肤品的“好坏”主要取决于它与肌肤的契合程度。从实用角度来看，价格昂贵的“大牌”不一定如女性朋友所想的那样“物有所值”，选择产品只选对的，不选贵的。

纯天然？别逗了

美丽说

很多人都说：“选择护肤品就是要选择‘天然的’‘植物的’，这些产品是天然萃取，不添加化学合成的原料，用在皮肤上更安全，不容易过敏。”这是真的么?

专家点评

传承千年的天然草本护肤法是人类美容的瑰宝。不同植物中蕴含着丰富的营养物质和活性成分，可以很好养护我们的皮肤，改善肤质，达到保湿、美白、抗衰老的需求。人们开始在护肤品中添加各种天然原料，希望这些来源于植物的神奇物质能够带来美丽和健康。

面对如此商机，各大品牌致力于寻找和开发各类天然成分，从陆地到海洋，从植物到动物，只要能为其所用，几乎都能在产品配方中有迹可循。加上商家的推广和宣传，导致许多人以为：纯天然化妆品的最大特点是不添加任何人工合成的油脂、无表面活性剂，无酒精、香精、色素等化学物质，其中的防腐剂也是由天然物质制成，简而言之一句话：纯天然的化妆品中不添加任何人工合成的物质。

拒绝化学合成物质，追求纯天然是人们出于安全性考虑的一种美好愿望，但事实上，这很难做到。比如仔细阅读化妆品的全成分标示，在所谓的植物型化妆品中，其构成产品的基质仍然是化学物质，只是其中加入了从植物中萃取的一些有价值的添加物，并不能说是百分之百纯天然物质。

同时，优良的成分离不开良好的提炼和制作工艺，大品牌的产品从构思、研发、制作等一系列过程中都是经过反复试验，在萃取提炼的过程中也需要加入化学物质。

也就是说，植物中直接提取出来的成分是不能直接使用的，大多数成分尽管是在植物内发现和分离的，真正配制到化妆品中还需要对这些提取物的结构加以改进、修饰，部分成分最终还是通过化学合成得到的。之所以这样，一

方面为了增加活性，另一方面要使其能复配到化妆品中。

另外在植物中提取这些营养成分的过程是非常复杂的，让它们的活性分子能稳定在一个合适的环境中，确保其能安全有效地发挥最大的护肤作用更是一项巨大的挑战。比如尿囊素，从紫草科植物的根中提取，但是最终却是在化学工厂中合成。另外，这些植物成分还必须进行灭菌、纯化，而不是直接从“天然植物”那里获得。

个别厂家，由于技术及制作设备上的落后，在制作产品过程中，无法使其有效成分达到需要的纯度和含量，致使达不到应有的效果，严重的还会给健康埋下隐患。所以有时护肤品导致的过敏反应并非全是因为添加了防腐剂、色素、香精等，而恰恰是因为天然成分制作工艺的简单粗糙。

观点

“纯天然”“纯植物萃取”“纯草本”的产品不存在，这些所谓的“纯天然”往往只是在常规的产品中添加了一些所谓“纯天然”的植物萃取成分而已，不宜过度读解。不要过度迷信纯天然，或者植物化妆品，它们与其他类别的化妆品并无本质区别。如果皮肤需要特别的功效，建议使用正规渠道的医学护肤品。应根据自己的皮肤类型选用合适的护肤品，适合自己的才是好的产品。

防腐剂、色素、香料的故事

美丽说

关于防腐剂：我又不是木乃伊，为什么要用含防腐剂的护肤品啊？听说高档的护肤品就不会加防腐剂，为了我的脸，这个钱必须花！

关于色素：总是听说，吃的东西会被无良商家非法添加各种色素，吃了这样的东西对身体非常不好。有些护肤品也是有颜色的，在护肤品中加色素，是不是也很危险啊？

关于香料：各位美人，你们有没有发现，有些护肤品的味道特别好闻，好像高级香水，而有些的味道却好像洗发水，我当然是喜欢香香的护肤品啦，可是闺蜜却说无香的护肤品才是高档的、安全的。难道真的是这样，要买没有香味的“香香”？

专家点评

我们都知道，防腐剂、色素、香料是化妆品安全隐患最大的成分，但是为什么化妆品还要添加这些东西呢？

道理很简单，那就是不得不添加。为什么？因为化妆品的很多原料有颜色、有味道（例如羊毛脂、鲸油），必须添加一定的色素和香料去掩盖或修饰它，让它成为消费者喜欢的膏体，否则无法使用。

所有的产品都是细菌良好的培养基，而其中的很多脂质极易氧化变质，所以必须添加适当的防腐剂来延长产品的保质期，否则这些产品还没有到达消费者手里就会自然变质！换言之，几乎没有什么产品不添加这些成分！即便那些采用特殊包装的产品，或者那些一次性使用的产品（防腐剂添加可能很少）。关于医学护肤品，虽然有很多不同的解读，但是也必须添加这类成分。

✦ 关于防腐剂

在化妆品中防腐剂的使用很正常，如果不添加防腐剂就不能保质。事实上，在合理的浓度下规范地使用防腐剂不会对人体健康产生任何问题。换言之，并非添加了防腐剂的护肤品就一定不安全。除非是非常敏感的肌肤或有接触性皮炎的状况，通常少量的防腐剂并不会对皮肤产生刺激，但也不排除部分厂商为延长产品保质期而使用了有争议的防腐剂。

此外，适合敏感肌肤使用的医学护肤品配方较为简单，借此降低防腐剂的用量。通常状况下，为了保证化妆品的安全性，也不太会有超过 3 种防腐剂的添加。目前各国对防腐剂的标准并不完全统一，这也促使相同产品在不同国家标准中，可以是完全不同的安全程度。

总体而言，防腐剂有化学防腐剂、安全性无毒防腐剂和天然有机防腐剂，许多未被列在标准中的物质也有抗微生物滋生的作用，被称为“类防腐剂”，如某些护肤品由于所使用的防腐剂配方不在国家规定的防腐剂法规中，就称为无防腐剂添加，但其实也是含有防腐剂的。通常品牌在采取小剂量的无菌包装时，才能不使用或使用类防腐剂配方，但为防止空气进入，这类产品都需要开瓶后 3 日内使用完；真空防回流的压泵式包装，由于能防止空气进入，也能相对减少防腐剂用量。最近，一些品牌推出了全新的“无菌舱”概念，在原本的真空喷头基础上改善了原本喷头的“死腔”设计，原本喷头总会残留部分产品，并在使

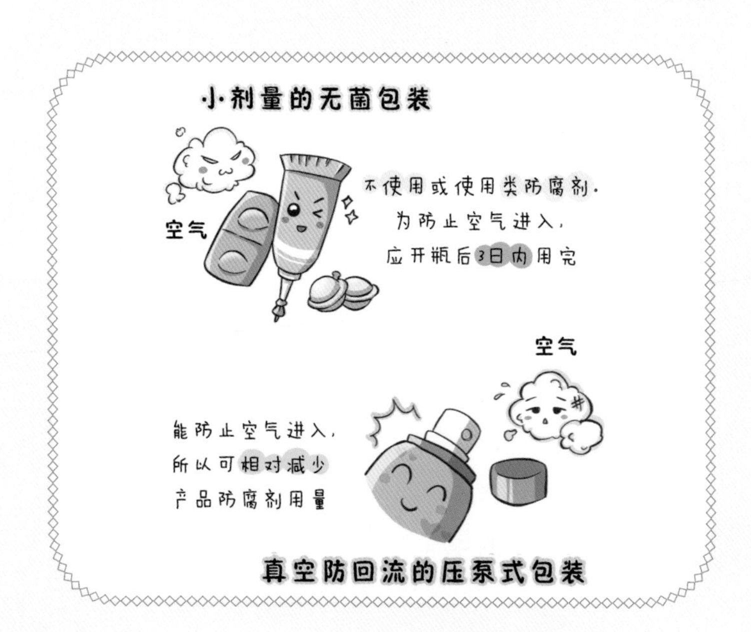

用时引起回流污染，这款新设计则不会留下死角，保持产品在使用期间无菌。

✦ 关于色素

我们会发现护肤品的颜色是不相同的，虽然大部分都是无色透明的液体或者膏体，但也有不少是淡绿色、乳白色、粉色、蓝色等颜色，这就是添加了色素而产生的结果。例如，芦荟保湿乳通常都会呈现出淡绿色，番茄面膜一般都是淡红色。虽然色素一般都是在配料表的末端，可能含量不高，但是几乎市售的所有乳液和面霜里都有，很多消费者对于各种鲜艳的颜色非常喜爱，这也是商家添加这些色素的原因。

商家在护肤品中添加色素最大的原因是调整产品的颜色，从而更符合原料的特性，从而增加卖点，最终目的是吸引消费者的目光，引导消费，但却起不到任何实质性功效，可以说是“徒有其表”。

我们应该从更深层考虑，把色素添加到护肤品中是否会对肌肤造成一定程度的损害？答案虽然不是肯定的，但是毕竟色素是人工合成的化学产品，何况它对我们皮肤起不到任何的作用呢？当然有些大中型护肤品品牌，所采用的色素都是安全可靠的，有些色素是从植物中提炼出来的，对肌肤没有伤害，但很多小

品牌产品就没有注意这么多了，随便的添加人工色素，所以在购买护肤品的时候一定要慎重。

✦ 关于香料

很多人认为香料的添加是为了增加膏体芳香愉悦的品质，也有人认为没有味道的产品就是高贵的高端产品。其实都不是。所有的化妆品几乎都是水溶性物质和油性物质乳化在一起配制而成的，然而很多原料，尤其是油脂类产品都有难以去掉的味道，需要用香料来中和（变成无味道的产品）或者修饰（变成有芳香味道的产品），否则所有产品都会有一股凡士林 / 黄油的味道。所以说，不添加香料的产品也是不可能的。

观点

几乎所有的化妆品都会添加诸如防腐剂、色素、香料等添加剂，这些添加成分只要控制在一定的浓度范围内是很安全的，不要草木皆兵。不添加任何添加剂的产品必须有特殊的包装或者非常小的包装（保障 2~3 天使用完），否者就是一种纯粹的商业宣传，不足以让人相信。医学护肤品也不例外，也会添加这些成分。

几乎所有的护肤品都会添加
只要控制在一定浓度范围内
还是很安全的